ITビジネスの現場で役立つ

中国サイバーセキュリティ法 & 個人情報保護法

cybersecurity law & personal information protection law

実践対策ガイド

2022-2023年版

寺川貴也

JN088080

SHOEISHA

本書内容に関するお問い合わせについて

このたびは翔泳社の書籍をお買い上げいただき、誠にありがとうございます。弊社では、読者の皆様からのお問い合わせに適切に対応させていただくため、以下のガイドラインへのご協力をお願い致しております。下記項目をお読みいただき、手順に従ってお問い合わせください。

●ご質問される前に

弊社Webサイトの「正誤表」をご参照ください。これまでに判明した正誤や追加情報を掲載しています。

正誤表　https://www.shoeisha.co.jp/book/errata/

●ご質問方法

弊社Webサイトの「刊行物Q&A」をご利用ください。

刊行物Q&A　https://www.shoeisha.co.jp/book/qa/

インターネットをご利用でない場合は、FAXまたは郵便にて、下記"翔泳社 愛読者サービスセンター"までお問い合わせください。
電話でのご質問は、お受けしておりません。

●回答について

回答は、ご質問いただいた手段によってご返事申し上げます。ご質問の内容によっては、回答に数日ないしはそれ以上の期間を要する場合があります。

●ご質問に際してのご注意

本書の対象を越えるもの、記述個所を特定されないもの、また読者固有の環境に起因するご質問等にはお答えできませんので、予めご了承ください。

●郵便物送付先およびFAX番号

送付先住所　〒160-0006　東京都新宿区舟町5
FAX番号　　03-5362-3818
宛先　　　　（株）翔泳社 愛読者サービスセンター

はじめに

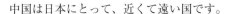

中国は日本にとって、近くて遠い国です。

帝国データバンクが2020年2月に発表したレポートによると、中国に進出している日本企業の数は約1万3,600社、中国関連ビジネスに携わる企業は3万社を超えているといいます[1]。日本貿易振興機構（JETRO）によると、2020年の日中貿易額は3,401億9,478万ドル、日本円にして37兆円超で、貿易総額に占める中国の構成比は23.9％を占めています[2]。日本企業にとって、14億人の巨大市場を抱える中国は、好むと好まざるとにかかわらず、なくてはならない存在です。

その一方で、政府や企業が中国に向ける目は必ずしも友好的なものではありません。中国が見せる領土問題に対する強権的な姿勢や香港の民主化運動に対する抑圧政策、中国の国力が高まるにつれて顕在化する周辺国や欧米諸国との摩擦が私たちに警戒心を抱かせるのです。

2021年の暮れにも中国で人権侵害が起きているとして、米国、イギリス、カナダ、オーストラリアといった国々が2022年の北京冬季オリンピックを外交的にボイコットすることを表明しました。日本は、「外交的ボイコット」という言葉は使用せずに政府関係者の派遣を見送っています。経済的なダメージを回避しつつ政治的には米国と歩調を合わせた形です。

結局のところ、日本は中国とつかず離れずで付き合い続けていかなければならないのです。

私たちのビジネス活動は、政治的状況や社会的状況から切り離して行うことはできません。そのような認識のもと、本書は国際的な環境や国内の空気に対してバランスを取りながら、外資である日系企業が中国データ関連法にどう対応すべきかを解説したいと考えて書きました。

---

[1] 帝国バンク ウェブサイト
https://www.tdb.co.jp/report/watching/press/pdf/p200208.pdf
[2] JETROの地域・分析レポート
https://www.jetro.go.jp/biz/areareports/2021/114272012ce2ba22.html

　私は世界各国の信頼できる専門家の仲間と日常的にやり取りをしながら情報の取捨選択をしています。異なる文化を背景とした専門家と意見交換をしていると、広い視点から世界の動きを理解できます。さまざまな視点を通して俯瞰したとき、中国のデータ関連法がどのように読めるかをまとめたのが本書です。

　本書は、中国データ関連法として、中国サイバーセキュリティ法、中国暗号法、中国データセキュリティ法、中国個人情報保護法の4つの法律を取り上げます。解説では実務で行うべき行動に重きを置きました。中国データ関連法へのコンプライアンスに取り組む日系企業の責任者や担当者に向けて書いています。中国ビジネスを営む企業の法務担当者、コンプライアンス担当者、IT担当者、中国のユーザーが多いオンラインサービスを運営する企業、ウェブサービスやインフラ構築を受託する企業の方に手に取っていただきたいと考えています。

　本書を書く上で文献や法規制を読み、理解を深めることに努めましたが、本書の最終的な目的は企業が何を行うべきかの判断基準を提供することです。そのため、法解釈の完全性という意味ではもの足りない部分もあるかもしれません。読者の皆様のご理解をいただければ幸いです。

　本書が中国でのビジネスや活動を展開するみなさまにとって一助となることを心から願っています。

　本書を完成させるに当たって、編集者の大内孝子さんをはじめ、数多くの方にお力添えをいただきました。特に、大内さんには編集作業を通じて並々ならぬご尽力をいただき深く感謝しています。この場を借りてお礼を申し上げます。

　また、私が好きなように仕事をすることを許し、ときに仕事や執筆で家族との時間を削ることを大目に見てくれた妻と子どもたちにも、ここでお礼を言いたいと思います。

2022年1月　寺川 貴也

Index

はじめに　……………………………………………………………………… 003

第1章　中国データ関連法の現在　　　011

1.1　中国サイバーセキュリティ法の取り締まり　…………………… 012
突然の呼び出し　……………………………………………………… 012
アプリの使用停止命令　……………………………………………… 014
セキュリティインシデント後の立入検査　………………………… 016

1.2　国家戦略とデータセキュリティ規制　………………………… 018
国家安全保障戦略とデータセキュリティ　………………………… 018
中国データ関連4法とその関係　…………………………………… 025
その他の法規制　……………………………………………………… 027

1.3　中国進出企業が今とるべきアクション　……………………… 033
中国にデータセンターを持たないSaaSサービス　……………… 033
中国国内にシステムを構築している場合　………………………… 034
工場の生産設備でIoT機器が稼働している場合　………………… 035
中国人社員の個人情報を本社に共有している場合　……………… 036
B2Cアプリを中国で提供している場合　…………………………… 038
日本の本社が日本から中国国内のシステムにアクセスしている場合　…… 039
中国データ関連4法への対応は待ったなし　……………………… 040

第2章　中国サイバーセキュリティ法（CSL）　　043

2.1　オーバービュー　………………………………………………… 044

2.2　CSLの全体像　…………………………………………………… 047
CSLの構成と内容　…………………………………………………… 047
CSL対応のポイント　………………………………………………… 049
CSL関連法規　………………………………………………………… 051

2.3　CSLの目的と適用　……………………………………………… 054
Q1　CSLはどのような目的で作られた法律ですか？　…………… 054
Q2　CSLは誰に適用されますか？　………………………………… 055
Q3　ネットワーク運営者とはどのような組織ですか？　………… 057
Q4　ネットワーク運営者の責任について教えてください　……… 058

Q5 中国国内で提供されるSaaSサービスを利用している場合、
当社はネットワーク運営者になりますか? ……………………062

Q6 WeChatでミニプログラムを運営している場合、
当社はネットワーク運営者になりますか? ……………………063

Q7 当社は越境ECを行っていますが、中国国内に拠点はありません。
CSLの適用対象となりますか? ……………………………………064

Q8 重要情報インフラ運営者とはどのような組織ですか? …………065

Q9 重要データとはどのようなデータですか? ………………………066

Q10 重要情報インフラ運営者の責任について教えてください …………068

2.4 CSLへの対応:等級保護 ……………………………………………072

Q11 等級保護とは何ですか? …………………………………………072

Q12 等級はどのように決めるのですか? ……………………………074

Q13 等級保護認証は第三者機関から
取得しなければならないのですか? ……………………………076

Q14 等級保護認証取得までの大まかな流れと
要する期間を教えてください ……………………………………077

2.5 CSLへの対応:越境データ規制 ………………………………………080

Q15 CSLで定められているデータ越境移転規制は
どのようなものですか? …………………………………………080

Q16 違法状態をそのままにしていると中国からのデータ転送が
遮断されることもあると聞きましたが、本当ですか? ……………089

Q17 データ越境移転を適法に行うためにはどのような対策を
行えばよいですか? ………………………………………………090

Q18 中国でデータの国内保存を行わなければならないのは
どのような場合でしょうか? ……………………………………092

2.6 CSLのペナルティ ……………………………………………………095

Q19 CSLで定められているペナルティの種類について教えてください …095

第3章　中国暗号法　　　　　　　　099

3.1 オーバービュー ………………………………………………………100

3.2 暗号法の全体像 ………………………………………………………101

暗号法の構成と内容 ……………………………………………………101

暗号法対応のポイント …………………………………………………102

暗号法の関連法規 ………………………………………………………103

3.3 暗号法の理解 …………………………………………………………106

Q1 暗号にはいくつか種類があるようですが、
どのように分類されていますか? ………………………………106

Q2 暗号法は暗号アルゴリズムの開示を要求するなど、
外国企業に対して国家統制の支配を強いるような
法律となっているのでしょうか？ ……………………………107

Q3 中国で暗号法に抵触しないためには、暗号機能のないパソコンや
ソフトウェアしか利用してはいけないのでしょうか？ ……………108

Q4 商用暗号の試験や認証を受けなければならないのは
どのような場合でしょうか？ ……………………………………110

Q5 暗号法のペナルティについて教えてください ……………………111

第4章　中国データセキュリティ法（DSL）　113

4.1 オーバービュー ……………………………………………………114

4.2 DSLの全体像 ………………………………………………………115
DSLの構成と内容 ………………………………………………115
DSL対応のポイント ……………………………………………116
DSLの関連法規 …………………………………………………118

4.3 DSLの要求事項 ……………………………………………………119
Q1 CSLとDSLの違いは何でしょうか？ ………………………119
Q2 DSLに関連して、何か事業者が行わなければならない
対応はありますか？ ……………………………………………121
Q3 重要データとは何を指しますか？ ……………………………124
Q4 核心データとは何を指しますか？ ……………………………125
Q5 DSLの越境移転規制の内容について教えてください …………126

4.4 DSLのペナルティ …………………………………………………130
Q6 DSLのペナルティについて教えてください …………………130

第5章　中国個人情報保護法（PIPL）　133

5.1 オーバービュー ……………………………………………………134

5.2 PIPLの全体像 ………………………………………………………139
PIPLの構成と概要 ………………………………………………139
PIPL対応のポイント ……………………………………………142
PIPLの関連法規 …………………………………………………144

5.3 PIPLの基本：目的 …………………………………………………153
Q1 PIPLとはどのような法律ですか？ …………………………153
Q2 PIPLでは国による統制が厳しいのでしょうか？ ……………154
Q3 中国では今後、ビッグデータやAIの利用が制限されるのですか？ ……155

5.4 PIPLの基本：適用範囲と定義 ……………………………… 157
Q4 PIPLは誰に適用されますか？ ………………………………… 157
Q5 PIPLでもGDPRと同様、代理人が必要なのですか？ ………… 158
Q6 個人情報とはどのような情報を指しますか？ ………………… 160
Q7 個人情報処理とは何を指しますか？ ………………………… 161
Q8 PIPLにもGDPRのような管理者や処理者という
概念はありますか？ ……………………………………………… 163
Q9 PIPLにおけるセンシティブな個人情報とはどのようなものですか？ … 165
Q10 PIPLにも共同管理者という概念はありますか？ …………… 168

5.5 PIPLの基本：処理の原則と同意 ……………………………… 170
Q11 PIPLにはGDPRのように重視すべき原則があるのでしょうか？ …… 170
Q12 中国で個人情報処理を行う場合は必ず同意が必要ですか？ ………… 175
Q13 PIPLにおける同意の要件はどのようなものですか？ …………… 178
Q14 PIPLで規定されている「単独同意」とはどのようなもので、
いつ要求されますか？ …………………………………………… 181

5.6 PIPLへの対応：透明性とアカウンタビリティ ……………… 184
Q15 PIPLではプライバシーノーティスで
どのような内容を記載するよう規定されていますか？ ………… 184
Q16 外部委託についてPIPLで定められているルールを教えてください …… 186
Q17 PIPLではCookieバナーの設置が求められるのでしょうか？ ………… 188
Q18 PIPLには個人情報保護影響評価の実施が
義務付けられる処理はありますか？ …………………………… 191

5.7 PIPLへの対応：個人情報マネジメントシステム ……………… 194
Q19 PIPLではCSLのように組織に体制整備を求めていますか？ ………… 194
Q20 PIPLでのデータ侵害通知の要件を教えてください ………………… 197
Q21 PIPLでは一般企業に対してもDPOの任命を要求していますか？ …… 199

5.8 個人の権利、越境移転 ……………………………………… 201
Q22 PIPLで認められている個人の権利について教えてください ……… 201
Q23 PIPLの越境移転規制について教えてください ……………………… 202
Q24 PIPLのローカライゼーション規制について教えてください ……… 205

5.9 監督当局、ペナルティ ……………………………………… 208
Q25 PIPLの監督当局について教えてください ………………………… 208
Q26 PIPLのペナルティについて教えてください ……………………… 209

5.10 PIPLの義務項目と必要な対策の概観 …………………… 211

第6章　等級保護認証の取得 　213

6.1　申請主体と申請対象 ……………………………………………… 214
申請主体 ……………………………………………… 215
申請書の準備 ……………………………………………… 216
等級保護認証の申請対象 ……………………………………… 220

6.2　等級の決定 ……………………………………………………… 223
インシデント発生時の被害の範囲 …………………………… 224
インシデント発生時の影響 …………………………………… 225
等級の判定 ……………………………………………… 226

6.3　等級保護認証のためのセキュリティ対策 ……………………… 227
等級3級で求められる構成の例 …………………………… 227
セキュリティ対策で利用するセキュリティ製品 ………………… 229

6.4　等級保護認証の取得とその後 ………………………………… 231
等級保護認証の取得 ……………………………………… 231
認証取得の費用、取得後 ………………………………… 231

Appendix 　233

1. 中国データ関連法（日本語訳） ……………………………… 234
中国サイバーセキュリティ法 ………………………………… 234
中国個人情報保護法 ……………………………………… 256

2. 等級保護制度適用プロジェクト実務資料 …………………… 276
等級保護制度（MLPS）技術要件 …………………………… 276
等級保護制度（MLPS）対応PJ-WBS ……………………… 311

関連リンク集 ……………………………………………… 312
索引 ……………………………………………………… 316
著者紹介 …………………………………………………… 320

第1章

中国データ関連法の現在

1.1 中国サイバーセキュリティ法の取り締まり

　日系企業の場合、現地法人のコンプライアンス対応は現地法人の責任で実施するという体制をとっていることが多いようです。そのため、日本の本社では海外の状況をそれほど正確に把握していないことがしばしばあります。しかし、近年は「現地法人に任せているから本社は関与しない」と言ってばかりはいられません。世界各国で強化されている個人情報保護法では、制裁金の金額が全世界での売上高に対する一定の割合として設定されるケースが増えています。個人情報を含むデータは国境を越えて容易に移動するため、規制も世界規模で行われるのです。

　昨今では、本社のコンプライアンス担当者や経営陣も、各国のデータ関連法の要件や施行状況について正しく理解しておくことが重要です。中国データ関連法について解説する前に、まず、ここ数年の中国データ関連法の取り締まり事例から始めましょう。

突然の呼び出し

　上海に拠点を置く日系大手メーカーの話です。ある日、公安部から一通の封書が届きました。開封すると出頭命令です。事故を起こしたという報告もないし、もめごとが発生したという情報もないのになぜ急に呼び出されたのだろう、と不思議に思いながら担当者が公安部に着くと、一枚の命令書を手渡されました。そこには、「3ヶ月以内に中国サイバーセキュリティ法（以下、CSL）で定められた等級保護認証を取得すること」と書かれています。公安部の担当者は、「3ヶ月後、あなたの会社に訪問調査に出向くので、それまでに取得を済ませること」とだけ言うと、あとは何を言っても一向に取り合ってくれません。結局このメーカーは、3ヶ月以内に等級保護

認証を取得すべく大変な努力を強いられることとなりました。

　中国国内でネットワークを所有する企業や組織は等級保護認証を取得しなければなりません。これは等級保護制度という、CSL第21条で定められた中国のセキュリティ対策制度です。公安部は、管轄内の企業や組織の等級登録データベースを持っており、等級未登録の企業で、等級登録が必要であると推測される企業や組織に対して積極的にアプローチを行っているのです。

　日本企業や組織の間では、CSL対応はまだ様子見だという見方が根強くあります。しかし、その認識は誤りです。CSLの取り締まりはすでに中国各地で活発に行われています。たとえば江蘇省は2019年、CSL違反で580法人を摘発したと公表しています[1]。中国のセキュリティコンサルティング会社である奇安信集団が行った調査によると、2019年1月から2020年5月の間にメディアで報じられた1,026件のセキュリティ事故関連ニュースのうち、実に89％がCSLを根拠に処罰されています[2]。中国本土にある22省が江蘇省と同様の活動を行っていること、ニュースとなるのは実際に発生した事故の一部にすぎないことを考えると、2019年だけで1万件超の摘発がCSLに関連して行われたと推定されます。

　CSLは2017年6月に施行されました。施行からすでに4年以上が経ち、等級保護に対するセキュリティ要件を定めた国家規格[3]も発行され、積極的に取り締まりが行われる段階に入っているといってよいでしょう。現在は、CSLを遵守しているのが当然と認識しておいてください。

---

[1] 江蘇省はペナルティの内容も公表しており、それによると科された罰金は最大79万元、日本円に換算して約1,450万円でした。行政拘留された法人トップは29人、業務停止に追い込まれた事案は17件でした。
https://www.secrss.com/articles/18130

[2] 网络安全行政执法案例 https://www.qianxin.com/threat/reportdetail?report_id=100

[3] GB/T 28448-2019 信息安全技术 网络安全等级保护测评要求

アプリの使用停止命令

　CSLには情報セキュリティに関する規定の他、個人情報保護に関する規定もあります。ネットワークを運営する企業は、適法で正当かつ必要な個人情報のみを取得しなければなりません（CSL第41条）。個人情報保護法（以下、PIPL）が施行される前の2020年に発生したこのケースでは、アプリで不法な個人情報取得を行っていたとして、ある日系チェーン店が業務改善命令を受けました。この会社は、アプリで取得する個人情報を適正化するまでの間、アプリの利用・配信を停止するように命じられました。

　モバイル経済が発達した中国では、マーケティングはスマホ上のアプリで行ったほうが効果的です。アプリの停止は企業や組織にとって大きな痛手です。アプリを利用しているユーザーにとっても突然の利用停止は利便性が損なわれる出来事で、お客様に大きな迷惑をかけることとなります。

　中国国内における個人情報の取り扱いについては、欧州や日本と同様、注意が必要です。日本のネット上の言論を見ていると、「監視国家」の中国では個人情報の保護などないという意見も見受けられますが、その認識は誤りです。

　2021年11月に施行されたPIPLでは欧州の個人データ保護法であるGDPR[4]以上に厳しい水準の個人情報保護要件を規定しているだけでなく、先進的な要素も含んでいます。たとえば、オンラインプロファイリングに関する規制では「自動化した意思決定方法によって個人に情報をプッシュ通知する場合や商業マーケティングを行う場合には、個人の特性を対象としない選択肢を同時に提供するか、または個人が簡単に拒否できる方法を提供しなければならない」（PIPL第24条）として、GDPRよりも一歩踏み込んだルール設定を行っています。また、欧州で、デジタルサービス法（Digital Services Act）[5]、デジタル市場法（Digital Markets Act）[6]、デー

---

[4] 2018年5月25日に施行された欧州の個人データ保護法のこと。正式名称はGeneral Data Protection Regulation 2016/679。欧州域外の企業や組織に対しても適用される規定があり、制裁金も高額に設定されたため世界中の企業や組織が対応を迫られました。

[5] https://ec.europa.eu/info/sites/default/files/proposal_for_a_regulation_on_a_single_market_for_digital_services.pdf

タガバナンス法（Data Governance Act）[7]といったデジタル戦略の一環として議論されているプラットフォーマーへの規制についても、すでに規定を設けています（PIPL第58条）。

　もう1つ、中国国内の個人情報保護への関心の高さを示す出来事が2021年3月にありました。毎年3月15日は消費者デーと呼ばれ、中国では消費者権益保護を喚起するイベントが行われます。中国国営中央テレビ（CCTV）でも消費者権利擁護番組を放映することが恒例となっています。前年までは品質問題を中心に取り上げてきたこの番組で、2021年は、個人情報保護を大きく取り上げたのです。顔認証技術の濫用やリクルート関連企業での履歴書漏洩事案、ユーザーをだまして個人情報を大量に取得するモバイルアプリの存在など、個人情報を濫用する事例が企業の実名とともに数多く報告されました[8]。2021年3月といえばPIPL成立前です。このときの摘発の根拠法はCSLや民法典、刑法などでした。

　モバイルアプリの取り締まりの話に戻りましょう。モバイルアプリについては2021年3月に重要な法律ができています。国家インターネット情報局、工信部、公安部、国家市場監督管理局が連名で定めた「常見类型移动互联网应用程序必要个人信息范围规定」[9]（一般的なモバイルアプリで取得してよい個人情報の範囲に関する規則）という規則です。この規則では、39種類に類型化したアプリについて取得可能な個人情報を定義し、それ以外の個人情報の取得を禁止しています。たとえばオンライン・ショッピング・アプリについては「商品の購入」を基本的な機能と定め、登録ユーザーの携帯番号、荷受人の名前、住所、電話番号、支払情報のみを必要な個人情報として規定しています。

　このように、かなり具体的な指針が出されているため、今後、中国でアプリを展開する場合には必ず「常見类型移动互联网应用程序必要个人信息

---

[6] https://ec.europa.eu/info/sites/default/files/proposal-regulation-single-market-digital-services-digital-services-act_en.pdf

[7] https://eur-lex.europa.eu/legal-content/EN/TXT/PDF/?uri=CELEX:52020PC0767&from=EN

[8] 「"315" 晚会被点名的企业都是如何回应的? 看这里!」
https://mp.weixin.qq.com/s/xzTXu4FH7JOISO_H2347Mw

[9] http://www.cac.gov.cn/2021-03/22/c_1617990997054277.htm

範囲規定」に目を通し、必要最小限の個人情報のみを取得するようにしなければなりません。この「常見類型移動互聯網応用程序必要個人信息范囲規定」は2021年5月1日に施行されましたが、驚くのは、施行後わずか3週間で105のアプリに対してこの規則に基づいた改善命令が出されたことです[10]。モバイルアプリにおける不適切な個人情報取得に対し、強い姿勢で臨む当局の決意が伺えます。

　アプリについての改善命令では比較的短期間に修正するよう指導される傾向があるようです。事例を見ていると、命令後10営業日から15営業日以内に違法な慣行を修正するように、とされています。是正期間が短いというのも、中国におけるコンプライアンス対応の特徴といってもよいかもしれません。最悪の場合、違反は営業ライセンスの停止につながりかねないため、平時から迅速な対応ができるように体制を整備しておくことも重要なポイントの1つとなります。

▌セキュリティインシデント後の立入検査

　ある日系大手メーカーでは、サイバー攻撃で情報漏洩が発生してしまいました。本社のセキュリティ対策は堅実に実施していたのに、中国の外部委託先から侵入されてしまったのです。外部委託先の再委託先など、サプライチェーンの末端にはなかなか目が届きません。サードパーティやベンダーのセキュリティ管理は情報セキュリティの世界で最も難しい課題の1つです。

　このメーカーのセキュリティインシデントは中国でも報道されました。報道は当然公安部の関心をひきます。事件発覚後、このメーカーでは公安部による立入検査が行われ、CSL違反で罰金を科されてしまいました。他の日系企業と同様にCSLに対して様子見を決め込んでいたため、等級保護認証を取得していなかったのです。

---

[10] 关于抖音等105款App违法违规收集使用个人信息情况的通报
https://m.mp.oeeee.com/oe/BAAFRD000020210521490577.html

　規制当局への対応は非常に多くの手間と時間を要します。後手に回らないことが重要です。インシデントで本業に痛手を負った企業や組織にとって、規制当局からの説明要求にも対応しなければならないというのは、罰金以上に負担が大きいものです。言うまでもなく、日常的なコンプライアンス対応が十分にされていれば、インシデント発生時の規制当局の追及も緩和されます。また、仮にコンプライアンス対応に不備があったとしても、自発的に十分な情報を提供できれば、規制当局とのやり取りもある程度はコントロール可能となります。規制当局の目的は、企業や組織を追及することではなく、法規制が目指す状態を実現させることです。企業にとってこの点を踏まえて、必要な情報を可能な範囲で積極的に提供していくという姿勢が望まれます。

　私たちプライバシーやセキュリティのコンサルタントが支援しているコンプライアンス対応は、Reduction of Impact（影響の緩和）、すなわち非常時の影響を最小限にとどめるための活動です。問題が起こらないことを前提とするのではなく問題が発生することを前提に、影響をどこまで軽減すべきかを考え、対策を行います。インシデント発生時の影響を低減するという意味でも、平時におけるコンプライアンス遵守が大切だということは覚えておいてください。

　CSLで定められた等級保護制度はネットワーク運営者の義務となっており、コンプライアンス対応上外してはならないものです。外資系企業の場合、最低でも2級以上、多くの場合は3級以上の等級で等級保護認証の取得が望まれます。未対応の場合は直ちに認証取得に動くことをお勧めします。

1.2 国家戦略とデータセキュリティ規制

　前節で見てきたように、中国ではデータ関連法に関する取り締まりが活発に行われています。この背景には、中国で社会のデジタル化が急速に進んでいることがあります。

　社会のデジタル化は諸刃の剣です。従来アクセスが困難だった情報が入手可能となったことで情報量が飛躍的に増加し、調査や分析の精度が高まる一方で、意図せぬ情報の流出により、企業の業績や個人の権利、利益に悪影響がもたらされることもあります。デジタル化する社会のメリットを享受するには、データ活用を促進するとともにデータの保護を行わなければなりません。近年、各国が個人情報をはじめとしてデータ管理を厳格化しているのは、必然の動きといってよいでしょう。

　中国は、デジタル経済を積極的に推進していますが、その一方でバランスのとれた成長を実現するために、戦略的にデータ関連法を導入してきました。ここでは、中国のデータ関連法の成り立ちを大きな視点から俯瞰してみましょう。

▌国家安全保障戦略とデータセキュリティ

デジタル時代の生産資源としてのデータ

　デジタル経済の成長は目覚ましいものがあります。2021年3月に工信安全発展研究中心[11]とHUAWEIが合同で出した「数据安全白皮书」(データ・セキュリティ・ホワイトペーパー)[12]によると、2019年の世界のデジタル

---

[11] 工信安全発展研究中心は、産業情報セキュリティ、産業デジタル化、ソフトウェアと知的財産、シンクタンク支援の4つの主要セクターを持つ研究機関です。

[12] 工信安全与华为联合发布《数据安全白皮书》(附下载)
https://www.secrss.com/articles/31502

経済の規模は31.8兆ドル（米ドル、以下同）でした。**図1.1**に示すのは地域ごとの経済規模です。

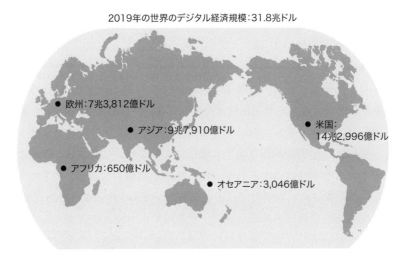

図1.1　世界のデジタル経済規模（「数据安全白皮书」より引用）

　国別で見ると、米国が首位で経済規模14.2兆ドル、中国が第2位で経済規模5.2兆ドルとなっています。日本のGDPは5兆ドル程度なので、米国だけで日本経済の約3つ分の経済規模を達成していることになります。そして、隣国の中国は日本経済と同程度の経済をデジタル経済だけで生み出しています。

　デジタル経済の基礎となるのはデータです。デジタル経済では、データを生成、取得、複製することで新たなサービスが生まれ、経済が活性化されます。Apple、Microsoft、Alphabet、Amazon、Meta, Alibabaといったデータを軸にビジネスを行っている企業が世界の時価総額ランキングで上位を占めているのは、決して偶然ではありません。データは現代の重要な生産資源なのです。

　中国は、2020年4月に「中共中央国务院关于构建更加完善的要素市场化配置体制机制的意见」（市場原理に基づく配分のためのより完全な制度的メカニズムの構築に関する中国共産党中央委員会国務院の意見）を公布し、デー

タが土地、労働、資本、技術に続く第5の主要な生産要素であるという認識を示しています[13]。この認識のもと、中国は積極的にデジタル経済を推進しています。調査会社IDCによると、中国は2025年までに48.6ZB[14]のデータを保有し、世界の4分の1以上のデータ資産を持つ見込みです。

データが価値を持つようになると、データを保護する必要も生じます。データは悪用されれば害をなす危険性もあるからです。国家機密データが漏洩すると国家安全保障上の問題につながりますし、経済上重要かつ影響のあるデータが漏洩すると国家経済が揺らぐ可能性もあります。

民間レベルであっても企業の重要な機密情報が漏洩すると企業の株価が大きく変動する可能性があります。場合によっては、ビジネスの継続が困難となることもあり得るでしょう。個人情報が誤用されると、個人のプライバシーが侵害され、人々の安心安全な生活が脅かされることもあります。デジタル経済の産物であるビッグデータを用いたマーケティングが普及するに従って、形成した個人のプロファイルをもとに価格や購入可能な商品に差をつけたり、脆弱な立場の人から搾取したりといった、社会の安定を脅かしかねない商慣行も一部では見られるようになってきています。

このような好ましくない手法を抑制するためにも、デジタル経済の進展は法規制によって律速しなければなりません。最近、世界各国でデータセキュリティやプライバシー保護、個人情報保護に関する規制が急ピッチで整備されている背景には、デジタル経済に対応した社会的な環境整備が喫緊の課題となっている事情があるのです。

中国は、2016年のCSLを皮切りに、2020年に暗号法、2021年にデータセキュリティ法（以下、DSL）とPIPLを制定し、データのセキュリティを担保するための法規制を整備してきました。中国もまた、デジタル経済の推進と律速のバランスをとりながら着々とデジタル社会の環境を整備しているのです。

---

[13] 中共中央国务院关于构建更加完善的要素市场化配置体制机制的意见
http://www.gov.cn/zhengce/2020-04/09/content_5500622.htm
[14] ZB（ゼタバイト）はデータ量を表す単位で、1ZBは10^{21}Bです。単位の大きさとしてはGB（ギガバイト）の4つ上になります。

中国のデータ関連法の歴史

　中国はどのようにデータ関連法の整備を進めてきたのでしょうか。ここ数年の動きを見ておきましょう。

　中国は、2014年4月15日に開催した中国国家安全委員会の第1回全体会議で、「国家安全保障の全体構想」という国家戦略を提示しました。ここでは、「政治的安全保障、国土安全保障、軍事的安全保障、経済的安全保障、文化的安全保障、社会的安全保障、科学技術的安全保障、情報的安全保障、生態的安全保障、資源的安全保障、核安全保障を統合した国家安全保障システムを構築する」という方針が示されました[15]。これを受け、2015年に国家安全法[16]が制定されています。

　2015年7月1日に公布、施行された国家安全法では、「ネットワークおよび情報セキュリティの保証制度を構築し、ネットワークおよび情報セキュリティの保護能力を高め、ネットワークおよび情報技術の革新的な研究開発、応用を強化し、重要な分野における中核的なネットワークおよび情報技術、重要情報インフラストラクチャ（以下、インフラ）および重要情報システムならびに重要データのセキュリティおよびコントローラビリティを実現する」と宣言し、そのために「ネットワーク管理を強化し、サイバー攻撃、ネットワークへの侵入、サイバー窃盗、違法・有害情報の流布などのサイバー犯罪を法律に基づいて防止、阻止、処罰し、サイバースペースにおける国家の主権、安全、発展の利益を守らなければならない」（国家安全法第25条）と、データセキュリティ対策の推進を明記しています。国家安全法のこの規定を皮切りに、中国ではデータセキュリティ関連法の整備が本格化しました。

　中国で最初に包括的なデータセキュリティに関する法律が成立したのは2016年11月7日です。この法律は「中華人民共和国网络安全法」（中国ネットワークセキュリティ法、中国サイバーセキュリティ法（CSL））と呼ばれ、2017年6月1日に施行されています。デジタル経済における安全保障を目的

---

[15] 习近平：坚持总体国家安全观 走中国特色国家安全道路
http://www.xinhuanet.com/politics/2014-04/15/c_1110253910.htm
[16] 中华人民共和国国家安全法（主席令第二十九号）
http://www.gov.cn/zhengce/2015-07/01/content_2893902.htm

とし、サイバースペースの包括的な規制を導入しました。

　等級保護制度を含むネットワーク運営者に対するセキュリティ要件、重要情報インフラ運営者に対するセキュリティ要件、個人情報保護のための要件、データ越境移転規制、ネットワーク製品やネットワークサービスの国家認証、ネットワークユーザーの実名登録制度など、サイバースペースのデータセキュリティにとって重要な規制が行われています。

　CSLで興味深い制度には、ネットワークにおけるユーザーの実名登録制度があります。これは、ネットワーク運営者に対してユーザーの実在の身元情報確認を義務付ける制度で、本書を執筆している2022年1月現在も中国固有の制度となっています。実名登録制度にはサイバースペースの言論の自由を棄損するという批判もありますが、匿名性を盾にとった犯罪行為に対して一定の抑制効果があるのも確かです[17]。CSLはサイバーセキュリティを規制し、デジタル社会を推進するための基盤を提供したといってよいでしょう。

　2017年12月、習近平国家主席は「实施国家大数据战略加快建设数字中国」[18]（デジタルチャイナの構築を加速させる国家ビッグデータ戦略の実施）と題したスピーチを行い、データを重要な要素とするデジタル経済を構築する必要性に触れています。ここでは、政策、規制、法律を連携させながら、規格やシステムの構築を加速することで重要情報インフラのセキュリティ保護、国家の重要データ資源の保護、およびデータセキュリティの早期警告システムとトレーサビリティ[19]の確保を促進することが確認されました。

　サイバースペースの基礎としてCSLが整備された後に用意されたのが、2017年12月29日に公布され2018年5月1日に施行された「GB/T 35273-2017 信息安全技术 个人信息安全规范」（個人情報セキュリティ規範）です。これは、国家情報セキュリティ標準化専門委員会が策定した、中国の個人

---

[17] 日本ではオンライン中傷が原因で著名人が自殺する事件が起き、サイバースペースでの言論の自由に対する規制への議論が深まりました。米国ではサイバースペースでの言論の自由を保護してきた通信品位法（CDA）第230条が人身売買や犯罪の隠れ蓑になっているとして改正圧力が高まっています。

[18] http://www.cac.gov.cn/2017-12/09/c_1122084745.htm

[19] トレーサビリティとは製品における、原材料の調達から生産、流通、消費、廃棄までの過程を追跡可能な状態にすることを指します。製品の品質管理・生産管理、さらには透明性・持続性の高い社会の実現という観点でも、近年、世界的に注目が高まっています。

情報保護についての国家規格です。日本でいう「JIS Q 15001 個人情報保護マネジメントシステム－要求事項」のような位置付けと理解するとわかりやすいでしょう。この「GB/T 35273-2017 信息安全技术 个人信息安全规范」は2020年3月6日に「GB/T 35273-2020 信息安全技术 个人信息安全规范」として改訂され、同10月1日に施行されています。「个人信息安全规范」は、個人情報の取得、保存、使用、共有、送信、公開といった処理行為についての規律を定め、個人情報の違法な取得、濫用、漏洩を防ぐことを目的としています。法律よりもやや具体性があるため、中国でPIPL対応を行う際には併せて参照すべきものです。

「个人信息安全规范」が公布された後に出たのが中国暗号法です。データ保管時に適切な暗号の利用を求める暗号法は、2019年10月26日に成立し、2020年1月1日から施行されています。一部で誤解されているようですが、暗号法は中国政府に暗号鍵を渡して中国政府がすべてのデータを検閲できるようにするという法律ではありません。暗号に関する情報提供を民間に強制してはならないという規定（暗号法第31条）もあり、むしろ民間を保護するルールもあります。

暗号化について言えば、近年はデータ単位での暗号化が常識となりつつあります。データのリスクに応じて暗号の強度を変えることが増えています。暗号法ではデータの機密性に基づき暗号の種類を分けることを要求しており、セキュリティ慣行をいち早く取り入れています。暗号法は輸出管理との関係が深いのですが、一般企業が利用する商用暗号については通常規制がかからないため、多くの企業には影響はありません。

2019年12月1日には、CSLで求められる等級保護の要件を定めた「GB/T 28448-2019 信息安全技术 网络安全等级保护测评要求」（ネットワークセキュリティ等級保護評価要求事項）が施行されました。これによって、等級に応じてCSLで要求されるセキュリティ要件が明確化されました。等級の決め方は2020年11月1日に施行された「GB/T 22240-2020 信息安全技术 网络安全等级保护定级指南」で示されています。

2020年も重要な年となりました。2020年6月には、12の省庁が共同で「网络安全审查办法」（ネットワークセキュリティ審査のガイドライン）を公布

しました。内容としては、国家安全保障に影響を与える重要情報インフラの運営者に対し、ネットワーク製品やサービスを調達する際のサプライチェーンのセキュリティ確保、サイバーセキュリティ評価の実施を義務付けるもので、2017年に習近平国家主席が「実施国家大数据战略加快建设数字中国」で述べた方針を実現するものとなっています。「网络安全审查办法」は2021年12月28日に改正が発表され、2022年2月15日に改訂版が公布、施行されています[20]。データセキュリティ確保の手段として、公的なセキュリティ評価の重要性は今後ますます増加していくことでしょう。

2020年7月にはデータセキュリティを主に扱ったDSL（データセキュリティ法）の草案が公布され、10月にはPIPL（個人情報保護法）の草案が公布されました。DSLは翌2021年6月10日に成立し、同9月1日から施行されています。PIPLは2021年8月20日に成立し、同11月1日から施行されています。DSLは、CSLで規制対象から外れていた非電子データ[21]に対してもセキュリティ要件が拡張されたという意味で重要です。PIPLは個人情報保護について独立した法律として規定し直すことで、グローバルスタンダードを考慮した、中国国内における初の包括的な個人情報保護法制度が生まれたという意味で重要です。

DSLとPIPLが成立、施行されたことで、非個人情報と個人情報を規制する法律の整備が完了し、中国のデジタル経済を支える法的基盤の整備は完成したといってよいでしょう。ただ、各法律は具体的な要件がまだ不明確な部分も多く、今後は行政法規や業界標準などが公布、施行されることで明確化が進むと見られます。継続的に法規制の情報をモニタリングすることが必要です。

---

[20] https://mp.weixin.qq.com/s/bROBEJeMW3j59TpuW16tfw

[21] ただし、個人情報については「個人情報とは、電子的またはその他の方法で記録された、単独または他の情報と組み合わせて自然人を個人的に識別できるあらゆる種類の情報」（CSL第76条（5））と定義しており、非電子データも含まれていました。

中国データ関連4法とその関係

　中国のデータ関連法で特に押さえておかなければならないのはCSL、暗号法、DSL、そしてPIPLの4つの法律です。本書では、これらをまとめて「中国データ関連4法」と呼びましょう。中国データ関連4法は、中国で事業を行う限りすべての企業が遵守しなければならない法律群です。

　中国データ関連4法は個々に独立した法律です。相互に階層関係や依存関係があるわけではありませんが、関連はしています。データ関連4法が扱うのは「セキュリティ対策」「個人情報処理」「データ越境移転」の3つの領域です。各法律とこれらの領域との関係をまとめると**図1.2**のようになります。

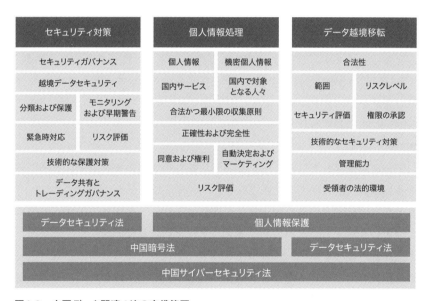

図1.2　中国データ関連4法の守備範囲

　セキュリティ対策とは、情報セキュリティを確保するための必要な対策を指します。ここには、セキュリティガバナンス、データ分類、インシデント対応計画、リスクアセスメント、技術的安全管理措置、サードパーティのセキュリティリスク管理といった、情報セキュリティの領域で扱われる

内容が網羅されています。それぞれの詳細な要件はCSLで導入された等級保護制度で規定されています。企業は、「GB/T 28448-2019 信息安全技术 网络安全等级保护测评要求」を参照して必要な対策を実装します。

　個人情報処理とは、個人情報保護を行うために実施すべき各種対策を指します。個人情報もデータの一種と見ることはできますが、個人情報の場合は個人が自身の情報についてコントロールできなければならないことや個人情報処理について通知を行う必要があることなど、情報セキュリティ対策だけでは網羅できない要素が含まれます。個人情報保護の対応と情報セキュリティ対応とは重複する部分もありますが、基本的には異なるものと認識しておくほうがよいでしょう。

　個人情報処理に関する規制要件としては、個人情報の定義やセンシティブな個人情報の定義、個人情報保護の原則に則ったデータ処理、個人の権利の保護、プライバシーに関するリスクアセスメント、データ侵害時の対応となっています。企業は、PIPLの要件とのギャップ分析を実施する他、「GB/T-35273-2020 信息安全技术 个人信息安全规范」を参照して必要な対策の実装を行います。個人情報に関する特有のリスク評価する際は「GB/T 39335-2020 信息安全技术 个人信息安全影响评估指南」を参照してリスク評価を行います。

　データ越境移転とは、データを国外に持ち出す際の規制です。データ越境移転は個人情報保護の文脈で取り上げられることが多い[22]のですが、そもそもは国家安全保障や国民保護に関係するデータを国外に出すべきではないという考え方が根本にあります。データ越境移転の適法性、セキュリティ評価、移転するデータのセキュリティを保つための技術的措置、データ受領者の監督といったことが規定されます。2021年に出た「数据出境安全评估办法（征求意见稿）」[23]（データ越境セキュリティ評価のガイドライン（意見募集稿））が最も新しいガイドラインですが、「网络数据安全管理

---

[22] 日本でもLINEが品質管理目的で個人情報処理を中国に外部委託していたところ、アクセス管理が不十分だとして個人情報保護委員会から指導を受けています。欧州でも米国との間で構築していた個人データの越境移転フレームワークである「プライバシーシールド」が無効化されるという出来事が起きています。

[23] http://www.cac.gov.cn/2021-10/29/c_1637102874600858.htm

条例（征求意見稿）」[24]（ネットワーク・データ・セキュリティ・マネジメント条例（意見募集稿））でも取り上げられるなど幅広く議論されているので、データ越境移転の要件については継続的に議論の動向をモニタリングすることが重要となります。

　中国データ関連4法のうち、最も早く成立したCSLはこれら3つの領域をすべて網羅しています。CSLはデータセキュリティの重要領域について全体像を示した法律とみなします。次に成立した暗号法は個々のデータを安全に保護する方策を提供しています。DSLはセキュリティ対策とデータ越境移転を、PIPLは個人情報処理とデータ越境移転を扱っています。

　中国のデータ関連法は、俯瞰すると、まず全体を網羅する法律を定め、次に個々のデータの安全性を確保する法律を定め、最後に情報セキュリティと個人情報保護というデータセキュリティの2軸について規定した法律を定める、という合理的かつ戦略的なアプローチで策定されたものであることがわかります。裏を返せば、中国は周到にデジタル経済のための環境整備を行ってきたと言えるでしょう。

その他の法規制

　この節の最後に、データ関連法で参照される、その他の法規制や国家規格をまとめておきます。網羅的な一覧とはなっていませんが、できるだけ重要なものを取り上げているので、必要に応じて参照してください。

データ関連4法に関連するガイドライン

　CSL、暗号法、DSL、PIPLを補足する重要な規則類には次のものがあります（表1.1）。「意見募集稿」の段階で施行されていないものについては「参照」するという立場で問題ありませんが、当局の考え方を知るための情報ソースとして利用してください。たとえば、データ越境移転に関しては複数のガイドラインや条例案が出ていますが、時とともに内容が変化してい

---

[24] http://www.cac.gov.cn/2021-11/14/c_1638501991577898.htm

ます。その場合は、最新のガイドラインや条例案の考え方を基準として理解するとよいでしょう。

名称	公布 / 施行年
个人信息和重要数据出境安全评估办法（征求意见稿）[25] （個人情報および重要データの越境移転に関するセキュリティ評価のガイドライン（意見募集稿））	2017年4月11日公布
网络安全等级保护条例（征求意见稿）[26] （ネットワークセキュリティ等級保護条例（意見募集稿））	2018年6月27日公布
个人信息出境安全评估办法（征求意见稿）[27] （個人情報の越境移転に関するセキュリティ評価のガイドライン（意見募集稿））	2019年6月13日公布
常见类型移动互联网应用程序必要个人信息范围规定[28] （一般的なモバイルアプリで取得してよい個人情報の範囲に関する規則）	2020年5月1日施行
关键信息基础设施安全保护条例[29] （重要情報インフラのセキュリティ保護条例）	2021年9月1日施行
数据出境安全评估办法（征求意见稿）[30] （データ越境セキュリティ評価のガイドライン（意見募集稿））	2021年10月29日公布
网络安全审查办法[31] （ネットワークセキュリティ審査のガイドライン）	2022年2月15日施行
互联网信息服务算法推荐管理规定[32] （インターネット情報サービスのアルゴリズム管理に関する規定）	2022年3月1日施行

表1.1　データ関連4法を補足する重要な規則類

[25] http://www.cac.gov.cn/2017-04/11/c_1120785691.htm
[26] https://www.mps.gov.cn/n2254536/n4904355/c6159136/content.html
[27] http://www.cac.gov.cn/2019-06/13/c_1124613618.htm
[28] http://www.cac.gov.cn/2021-03/22/c_161799099700054277.htm
[29] http://www.gov.cn/zhengce/content/2021-08/17/content_5631671.htm
[30] http://www.cac.gov.cn/2021-10/29/c_1637102874600858.htm
[31] http://www.cac.gov.cn/2022-01/04/c_1642894602182845.htm
[32] http://www.cac.gov.cn/2022-01/04/c_1642894606364259.htm

地方の法規制

　データに関しては地方政府も規則類を定めています（**表1.2**）。現在、ビッグデータに関して規制があるのは、吉林省、山西省、海南省、貴州省、天津市です。地方の規則類はCSLを基礎に策定されているため、CSLの要件から逸脱することはありません。

名称	公布/施行年
贵阳市大数据安全管理条例[33] （貴陽市ビッグデータ安全管理条例）	2018年10月1日施行
天津市数据安全管理办法（暂行）[34] （天津市データ・セキュリティ・マネジメントのガイドライン（暫定版））	2019年8月1日施行
宁波市公共数据安全管理暂行规定[35] （寧波市公共データ・セキュリティ・マネジメント暫定規定）	2020年10月1日施行
深圳经济特区数据条例[36] （深圳特別行政区データ条例）	2022年1月1日施行

表1.2　地方政府の定めた規則類

分野別のガイドライン

　特定分野でのデータセキュリティについては、国務院や各省庁、各委員会が関連する規則類を公布しています。分野別の規制については、科学技術省、工業・情報技術省、国土資源省、財政省、教育省、農業・農村省、運輸省、国家税務総局、中国銀行・保険監督管理委員会、中国人民銀行、中国民航総局、中国気象局、国家衛生委員会などが、関連規範文書を発行しています。**表1.3**では特定分野に関するものを挙げています。

[33] http://zyghj.guiyang.gov.cn/newsite/zwgk/zcfg/flfg/202012/t20201228_65765535.html
[34] http://www.tj.gov.cn/sy/tzgg/202005/t20200519_2385822.html
[35] http://dsjj.ningbo.gov.cn/art/2020/10/9/art_1229051079_1620931.html
[36] http://www.sz.gov.cn/szzsj/gkmlpt/content/8/8935/post_8935483.html#19236

名称	公布/施行年
促进大数据发展行动纲要 [37] (ビッグデータ発展促進行動計画)	2015年9月5日施行
国务院办公厅关于运用大数据加强对市场主体服务和监管的若干意见 [38] (ビッグデータの利用によるサービス強化と市場主体の監督に関する国務院総局の意見)	2015年7月1日施行
中华人民共和国电信条例 第二次修订 [39] (中国電気通信条例)	2016年2月6日施行
国务院办公厅关于促进和规范健康医疗大数据应用发展的指导意见 [40] (医療ビッグデータ応用の発展促進と規制に関する国務院総局のガイドライン)	2016年6月24日施行
科学数据管理办法 [41] (科学データの管理についてのガイドライン)	2018年3月17日施行
汽车数据安全管理若干规定（试行）[42] (自動車データ・セキュリティ・マネジメントに関する若干の規定 (試行))	2021年8月20日施行

表1.3　分野別の規制類

国家規格

　データセキュリティ関連の国家規格は国家情報セキュリティ標準化技術委員会（TC260）が策定しています。意見募集稿を含め、主だったものを紹介します（**表1.4**）。

　なお、GB/Tで始まるものは国家規格、JR/TやYD/Tで始まるものは特定分野の産業規格です。xxxxx-xxxxとしているものはまだ発行されていないものです。

---

[37] http://www.gov.cn/zhengce/content/2015-09/05/content_10137.htm
[38] http://www.gov.cn/zhengce/content/2015-07/01/content_9994.htm
[39] http://www.gov.cn/zhengce/2020-12/26/content_5574368.htm
[40] http://www.gov.cn/zhengce/content/2016-06/24/content_5085091.htm
[41] http://www.gov.cn/zhengce/content/2018-04/02/content_5279272.htm
[42] http://www.cac.gov.cn/2021-08/20/c_1631049984897667.htm

名称
GB/T 22240-2020 网络安全等级保护定级指南 （ネットワークセキュリティ等級保護の等級決定に関するガイドライン）
GB/T 28448-2019 网络安全等级保护测评要求 （ネットワークセキュリティ等級保護評価要求事項）
GB/T 38625-2020 密码模块安全检测要求 （暗号モジュールのセキュリティ試験の要求事項）
GB/T 37988-2019 数据安全能力成熟度模型 （データセキュリティの成熟度モデル）
GB/T 37932-2019 数据交易服务安全要求 （データ・トランザクション・サービスのセキュリティに関する要求事項）
GB/T 37973-2019 大数据安全管理指南 （ビッグ・データ・セキュリティ・マネジメントのガイドライン）
GB/T xxxxx-xxxx 网络数据处理安全规范（征求意见稿） （ネットワークデータ処理セキュリティ規範（意見募集稿））
GB/T xxxxx-xxxx 重要网络数据识别指南（征求意见稿） （重要データ識別のためのガイドライン（意見募集稿））
GB/T 35273-2020 个人信息安全规范 （個人情報セキュリティ規範）
GB/T 37694-2019 个人信息去标识化指南 （個人情報の非識別化に関するガイドライン）
GB/T 39335-2020 个人信息安全影响评估指南 （個人情報セキュリティ影響評価に関するガイドライン）
GB/T xxxxx-xxxx 个人信息安全工程指南（征求意见稿） （個人情報セキュリティ技術に関するガイドライン（意見募集稿））
GB/T xxxxx-xxxx 个人信息告知同意指南（征求意见稿） （個人情報の通知と同意（notice & consent）に関するガイドライン（意見募集稿））

（次ページに続く）

名称
GB/T xxxxx-xxxx 移动互联网应用（App）收集个人信息基本规范（征求意见稿） （モバイル・インターネット・アプリケーション（App）による個人情報の収集に関する基本仕様（意見募集稿））
GB/T xxxxx-xxxx 个人信息去标识化效果分级与评定（征求意见稿） （個人情報の非識別化の有効性のグレーディングと認定（意見募集稿））

表1.4 主な国家規格

産業標準

　この項の最後に、金融、医療、通信分野の産業標準をいくつか紹介しておきます（**表1.5**）。必要に応じて参照してください。

名称
JR/T 0171-2020 个人金融信息保护技术规范 （個人金融情報保護のための技術規範）
JR/T 0197-2020 金融数据分类分级指南 （金融データの分類とグレーディングに関するガイドライン）
JR/T xxxx-xxxx 金融数据跨境安全要求（征求意见稿） （金融データの越境セキュリティの要求事項（意見募集稿））
JR/T 0223-2021 金融数据安全 数据生命周期安全规范 （金融データ・セキュリティ データ・ライフサイクル・セキュリティ規範）
GB/T 39725-2020 健康医疗数据安全指南 （医療機関におけるデータ・セキュリティのガイドライン）
GB/T xxxxx-xxxx 电信领域大数据安全防护实现指南（征求意见稿） （通信事業者におけるビッグ・データ・セキュリティ保護を実施するためのガイドライン（意見募集稿））
YD/T 3802-2020 电信网和互联网数据安全通用要求 （通信ネットワークおよびインターネット・データのセキュリティに関する一般要求事項）

表1.5 金融、医療、通信分野の産業標準例

1.3 中国進出企業が今とるべきアクション

この章の最後に、今すぐ対策が必要なケースについて紹介しておきます。該当する場合は企業規模の大小を問わず、すみやかにデータ関連法へのコンプライアンス対応を進めてください。

中国にデータセンターを持たないSaaSサービス

中国にデータセンターを持たない日系、または欧米系SaaSサービスを利用している場合、中国市場ではコンプライアンス違反となっているケースが多くあります。これらのサービスは大量の個人情報を扱うサービスであるにもかかわらず中国国内にデータがなく、中国国外のデータセンターに個人情報を直接保管します。そのため、PIPLで要求されるデータの国内保存規制に準拠しておらず、違法状態で運用されています。これらのサービスを利用している企業は、適法化するための措置をとるか中国法に適合したサービスに乗り換える必要があります[43]。

中国でSaaSサービスを利用する際は、等級保護認証を取得済みの中国データ関連法を遵守したサービスを利用するようにしてください。何らかの事情で中国データ関連法を遵守できていないサービスを利用する場合は、独自に中国国内でのデータ保存が行える仕組みを作り、コンプライアンス対応を行っておくことが重要です。ある日突然サービスが停止することや中国からのデータ送信が遮断されることが実際に発生しているので、注意

---

[43] 2021年11月にPIPLが施行されたとき、LinkedInが中国でサービスを停止することを発表して話題になりました。これは、LinkedInがビジネスの構造上中国国内にデータセンターを設置して運営することが困難と判断したためと言われています。Salesforceは、個人情報の国内保存義務に対応するためにAlibaba Cloudとアライアンスを組み、中国にデータセンターを設置するまではAlibaba Cloud経由での契約に切り替えることで違法状態を仮の形で回避できるという方法を提供しています。

が必要です。少しでも不安があるのであれば、中国国内で取得、生成した
データは原則中国国内に保管するという方針をとるのも1つの方法でしょ
う。

中国国内にシステムを構築している場合

　中国法人で社内システムを構築し使用している場合やオンプレミスの
サーバーを稼働させている場合は、CSLの等級保護制度の対象となります。
　等級保護制度はネットワーク運営者に課されます。「ネットワークとは、
コンピューターあるいはその他の情報端末および関連機器で構成されるシ
ステムで、一定のルールやプログラムに従って情報を取得、保存、送信、
交換、処理するもの」（CSL第76条（1））と定義され、具体的には社内シス
テムやアプリもネットワークに含まれます。「ネットワーク運営者とは、
ネットワークの所有者、管理者、ネットワークサービスを提供する者」（CSL
第76条（3））と定義され、自社運用するウェブサイトや社内イントラネッ
ト、ERPシステムを持つ企業や組織などはすべてネットワーク運営者とな
ります。
　等級保護制度ではネットワーク運営者の所有するネットワークを、ネッ
トワークが持つリスクに応じて1級から5級に分類し[44]、等級に応じて必要
なセキュリティ対策要件を定めています[45]。2級以上に該当する場合は第三
者の評価機関による評価を受けて認証を取得しなければなりません。でき
れば認証が不要な1級と位置付けておきたいのが人情ですが、等級を判断す
るのはあくまでも公安部となります。事前に自分たちがどの等級に該当す
るかを公安部に確認することが重要です。

---

[44] 网络安全等级保护条例（征求意见稿）
https://www.mps.gov.cn/n2254536/n4904355/c6159136/content.html
[45] GB/T28448:2019 信息安全技术 网络安全等级保护测评要求
http://std.samr.gov.cn/gb/search/gbDetailed?id=88F4E6DA63424198E05397BE0A0ADE2D

工場の生産設備でIoT機器が稼働している場合

日系企業でもDXが推進され、工場などへのIoT機器導入が進んでいます。IoT機器は大量に生成される工場データをもとに生産データを構成し、場合によっては工場稼働率という経済指標とも結び付いてしまうため、注意が必要です。

工場でIoT機器を利用したシステムを構築している場合、その工場はCSLでいうネットワーク運営者となります。扱っている製品や規模によっては重要データを取得しているとみなされる可能性があるため、工場のDXを推進する場合は公安部と事前に話をし、適切な対応についての判断を仰いでください。

なお、工場で取得したデータを日本や他の国に所在するデータ分析部門に送っている場合は越境移転規制に従い、管轄部門によるセキュリティ評価を受ける必要性や、国内保存義務が生じる可能性があります[46]。

越境移転規制やデータの国内保存規制については、まだ最終的な結論は出ていません。各種草案で述べられている規制要件を比較すると、CSLが施行された2017年から国内保存要件はやや緩和傾向にある印象があります[47]。その代わり、セキュリティ評価に対する要求がよりきめ細かくなりつつあります。この動きは、欧州で個人データの越境移転を行う際に、標準契約（SCCs）の締結を行うだけではなくデータ越境移転影響評価（transfer impact assessment）を実施するように勧告されているのと類似しています。個人情報以外のデータに対するデータ越境移転規制がある点は欧州よりも

---

[46] 2017年に公表された「个人信息和重要数据出境安全评估办法（征求意见稿）」では、第2条で「ネットワーク事業者が中国における事業活動の過程で取得・生成した個人情報や重要なデータは、国内で保存しなければならない」とし、第9条では「1年間の累積で50万人以上の個人情報を処理する場合、情報の容量が1,000GB以上の場合、または国家の利益や安全に影響を与える可能性のある情報を国外に持ち出す場合には公安部によるセキュリティ評価を受ける必要がある」とされています。
http://www.cac.gov.cn/2017-04/11/c_1120785691.htm

[47] 2021年に公表された「数据出境安全评估办法（征求意见稿）」では、規制の対象が「重要情報インフラ運営者が収集・生成する個人情報や重要なデータ、移転するデータに重要なデータが含まれている場合、100万人に達する個人情報を取り扱う個人情報処理を行うもので中国国外に向けて個人情報を提供する場合、外国への個人情報の累計提供数が10万人以上またはセンシティブな個人情報の累計提供数が1万人以上となる場合」へと変更されています。
http://www.cac.gov.cn/2021-10/29/c_1637102874600858.htm

厳格ですが、中国の規制の動きが世界的な規制の動きと連動していることが伺えます。

IoT機器に関しては利用しているネットワーク機器の選定についても注意が必要です。CSLは「ネットワーク製品およびネットワークサービスは、関連する国家規格の強制要件に適合しなければならない」とし、国家認証を取得したネットワーク機器の使用を義務付けています（CSL第22条）。したがって、機器選定段階でCSLに準拠したネットワーク機器を選定しなければなりません。

国内工場で実績がある設備メーカーの製品をそのまま中国工場で採用すると、工事が始まる直前にCSLに準拠していないため使用できないということが生じ得ます[48]。工場設備の入れ替えや改修は工程上もコスト上も影響が大きいため避けなければなりません。担当者は、仕様決定時にCSL準拠を選定要件として明記するなどの工夫が必要です。

中国人社員の個人情報を本社に共有している場合

従業員情報は個人情報です。PIPL第40条では「重要情報インフラ運営者、および処理する個人情報が国家ネットワーク情報部門の規定する数量に達した個人情報処理を行う者は、中国国内で収集、生成した個人情報を国内に保存しなければならない。国外に提供する確かな必要性がある場合は、国家ネットワーク情報部門が実施するセキュリティ評価に合格しなければならない」とし、個人情報の国内保存規定とデータ越境移転に伴うセキュリティ評価への合格を求めています。

現状は、2021年に公表された「数据出境安全評估办法（征求意见稿）」第4条で示された「100万人に達する個人情報を取り扱う個人情報処理を行う者で、中国国外に向けて個人情報を提供する場合」、「外国への個人情報の累計提供数が10万人以上、またはセンシティブな個人情報の累計提供数が1万人以上となる場合」を目安として、国内保存の要否やセキュリティ評価

---

[48] 同様のことは機械安全の分野でもしばしば発生しています。法令規格のチェックは出荷前に行う作業ではなく、計画段階で実施するものであることを覚えておいてください。

の要否を検討すればよいでしょう。

　もし、国内保存規定やデータ越境移転に伴うセキュリティ評価への合格要件が合致しないと判断されたとしても、「国家ネットワーク情報部門が定めた標準契約に基づき中国国外の受領者と契約を締結し、当事者間の権利、義務について合意すること」（PIPL第38条（3））という要件に基づき、公安部が用意した標準契約を移転先（この場合は本社）と締結する必要が生じること、および従業員への通知義務と従業員からの同意取得義務が生じること（PIPL第39条）を覚えておかなければなりません。

　標準契約については、2022年1月時点では公表されていないため、「数据出境安全评估办法（征求意见稿）」第9条で示された、次の内容を含めた契約を用意しておくとよいでしょう。

- データ移転の目的と方法、データの範囲、外国の受領者によるデータ処理の目的と方法
- 外国でデータを保管する場所、その期間、保管期間に達した後、合意された目的が完了した後、または契約が終了した後に外国に移転したデータを取り扱う方法
- 外国の受領者が、輸出されたデータを他の組織または個人に再譲渡することを制限する拘束条項
- 実質的な支配力や事業範囲に重大な変化が生じた場合や、外国の受領者が所在する国や地域の法的環境が変化してデータの安全性を確保することが困難になった場合に、外国の受領者が講ずるべきセキュリティ対策
- データセキュリティ保護義務の違反に対する責任および拘束力と執行力のある紛争解決条項
- 情報漏洩などのリスクが発生した場合の適切な緊急対応、および個人が個人情報の権利・利益を守るための円滑なルートの保護

　まれなケースと思われますが、従業員の中に中国共産党員がいる場合や本社に送付する情報に中国人社員の健康情報が含まれる場合は、従業員情報でありながら重要データと分類される可能性もあります。その場合は少

数であってもセキュリティ評価の実施やデータの国内保存義務が発生するため、事前に当局と話をし、適切な対応についての判断を仰いでください。

▌B2Cアプリを中国で提供している場合

モバイルアプリの取り締まりが強化されていることは15ページで紹介したとおりです。中国国内でモバイルアプリを運営している場合、「中国国内で構築、運営、保守、使用するネットワークおよびネットワークセキュリティの監督、管理について、本法を適用する」（CSL第2条）という定義からCSLが適用され、等級保護認証を取得する必要が生じます。その他、「常見類型移動互聯網応用程序必要个人信息范囲規定」（一般的なモバイルアプリで取得してよい個人情報の範囲に関する規則）に目を通し、取得するデータの適正化を行わなければなりません。

中国国外から中国ユーザーを対象としたアプリを運用している場合は、PIPL第53条で規定される「中国国内に専門機関または代表者を指名し、個人情報保護に関する事務を処理させ、関連機関の名称および代表者氏名、連絡先を個人情報保護担当部門に報告しなければならない」という要件に準拠しなければなりません。

中国からアクセスがあることを認識しつつ、中国消費者をターゲットとしていないアプリの場合は、アプリのダウンロードを中国国内からできないようにするなど、中国が意図した市場ではないことを明示的に示す対応をとる必要があります。

域外適用は困難だからと、足元を見てコンプライアンス違反を放置することは推奨されません。PIPL第42条では、「国外の組織または個人が、中国国民の個人情報に関する権利と利益を侵害し、あるいは中国の国家安全または公共の利益を危険にさらす個人情報処理活動を行った場合、国家ネットワーク情報部門は、それらの者を個人情報提供制限・禁止リストに含め、公表し、それらの者への個人情報提供を制限・禁止するなどの措置をとることができる」として、通信の制限または遮断などの手段によって対抗することを明記しています。通信の遮断については、越境EC企業で実際に中

国からの発注が完全に止まってしまったという事例もあるので、必要な対応を確実に実施してください。

日本の本社が日本から中国国内のシステムにアクセスしている場合

データの越境移転の適法性については、欧州司法裁判所（CJEU）が2020年7月に出したSchrems II裁判に対する判断以来、世界中で議論され続けています[49]。欧州データ保護委員会（EDPB）は、"Recommendations 01/2020 on measures that supplement transfer tools to ensure compliance with the EU level of protection of personal data"（EUと同等の個人データ保護レベルを確実にするための補助的移転ツールに関する勧告）を2021年6月に公表し、EU域内の個人データの越境移転についての指針を出しました[50]。この勧告では、個人データの越境移転における現在の論点を知ることもできます。勧告によると「個人データの移転」とは、欧州域外の事業体が欧州域内のデータにアクセスするという行為も含みます[51]。欧州での議論はグローバルでのデータプライバシーの議論に影響を与えるため、本書でも欧州の考え方を踏まえ、日本から中国国内のシステムにアクセスすること、あるいは中国国内から日本のシステムにアクセスすることは、データの越境移転が行われているとみなすことにしましょう。

日本国内から中国国内のシステムにアクセスしてデータ処理やデータ保管を行う場合は、現時点では「数据出境安全评估办法（征求意见稿）」に従っ

---

[49] Schrems II裁判とは、Max Schrems氏が米国国内での欧州の個人データ保護が不十分であることを理由にFacebook（現Meta）による個人情報の米国への移転を禁ずるよう求めたものです。2020年7月、EU司法裁判所はEEA（European Economic Area；欧州経済領域）から米国への個人情報の越境移転についてプライバシーシールド決定を無効とする判決を下しました（つまり、Schrems氏の主張が認められた結果となりました）。これによって、米国と欧州の間での自由な個人データ流通は極めて難しくなりました。

[50] Recommendations 01/2020 on measures that supplement transfer tools to ensure compliance with the EU level of protection of personal data
https://edpb.europa.eu/our-work-tools/our-documents/recommendations/recommendations-012020-measures-supplement-transfer_es

[51] [50]で示す勧告内の脚注23参照：Please note that remote access by an entity from a third country to data located in the EEA is also considered a transfer.

た契約の締結と、自主的なセキュリティ評価を行っておくとよいでしょう。重要データが含まれる場合や個人情報の数が多い場合は中国国内にデータを保存しなければならないため、必要な対応を行ってください。

　中国国内から日本国内のシステムにアクセスする際に個人情報が含まれる場合には、「日本から中国（外国にある第三者）への個人情報の提供」が行われているとして、個人情報保護委員会が出しているガイドラインに従った対応が必要となります[52]。

中国データ関連４法への対応は待ったなし

　ここまで見てきたとおり、中国は国家戦略として国を挙げて本格的にデータセキュリティ対応を進めています。わずか5年の間に重要な法律はすべて整備を終え、関連する標準規格などの用意もかなり早いスピードで行われていることを感じていただけたのではないかと思います。

　中国進出企業はこの環境の変化を見落としてはなりません。中国は世界第2位の経済大国となり、世界経済に対しても非常に大きな影響力を持つようになりました。20年ほど前までは新興国としての中国像が健在で、「中国は何でもあり」という印象もありました。しかし、それはもう昔の話です。2020年には民法典も整備され、法治国家として社会の成熟度も大きく前進しています。日系企業も、中国に進出した当時の認識を更新するときが来ています。

　中国データ関連4法に関して、中国進出企業はすみやかに対応を進めるべきと言って間違いはないでしょう。最悪の場合、営業停止や業務ライセンスの停止といった措置もあるというコンプライアンスリスクも見過ごすべきではありません。中国国内に拠点を持たない場合は通信の停止という措置もあるため、中国からのアクセスが一切途絶えてしまうというリスクがあることも覚えておくべきです。中国でビジネスを行う限り、中国データ関連4法は他人事ではありません。

[52] https://www.ppc.go.jp/files/pdf/211029_guidelines02.pdf

まずは等級保護認証の取得から

これまでデータ関連4法に対して全く対応をしてこなかったのであれば、最も早く成立し、中国データ関連4法の基礎となっているCSLへの対応、その中でも特に重要な等級保護認証の取得を確実に終えることが最優先課題です。できるだけすみやかに対応を完了してください[53]。

等級保護認証の取得方法については第6章で詳しく紹介していますので参考にしてください。

等級保護認証取得後は行政法規や国家規格のモニタリングと実装

等級保護認証の取得が済んでいる場合は、DSLやPIPLに関する行政法規の整備状況や関連国家規格、各産業分野の標準規格をモニタリングし、必要に応じて社内のコンプライアンス体制を更新する努力を継続してください。

中国は日本と同様、各管轄部門が並行して動くため、法規制を複雑に感じる人も多くいます。しかし、ここで紹介した背景や全体像を理解しておけば、かなりロジカルにデータ関連法規制の整備を捉えることができるはずです。

モニタリングの方法としては、弁護士事務所が出しているニュースレターの購読や、コンサルティング会社が運営している有料の会員制情報サイトを利用することがお勧めです[54]。無料で提供されているニュースレターについては、記載されている以上のことは相談しにくいかもしれませんが、コンサルティング会社の有料サービスを利用する場合であれば、サービスの一環として追加の情報収集にも快く応じてもらえます。仕事の効率化のためにも、情報（インテリジェンス）にコストをかけることは重要です。

中国の法規制は法律では完結せず、その下位にある行政法規が重要となります。一般に、上位規定より下位規定のほうが要件は厳しくなります。

[53]サイバーセキュリティ法は2017年に施行された法律であり、また、等級保護についての基準も2019年に明確化されている中、等級保護認証を取得していないというのは企業の怠慢と受け取られても仕方ありません。中国の公安部からすれば、より厳しい姿勢で臨むこととなるのは想像がつきます。
[54] テクニカ・ゼン株式会社会員制サイト
https://m.technica-zen.com/

　行政法規は意見募集稿段階で数年とどまることもあり対応に迷うこともありますが、原則としては意見募集稿であってもより厳しい規制があればその規制に合わせて準備を進めることが望ましい対応です。実際、PIPLが成立した際、最高人民検察院は「重点的に保護する対象」として「100万人以上の大規模な個人情報」というものを挙げましたが、この「100万人」という数字は意見募集稿段階で数年とどまっている「個人情報および重要データの越境移転に関するセキュリティ評価のガイドライン」で示された数字を引用しています[55]。

　繰り返しになりますが、中国におけるコンプライアンスリスクは「ライセンスの停止」というリスクがあることを覚えておかなければなりません。コンプライアンス対応は責任ある企業として当然の責務である、というのは正論すぎるかもしれません。ただ、コンプライアンス違反によって生じ得る、ビジネス自体ができなくなる「リスク」を気にかけながら目立たないようにビジネスを行うのと、十分なコンプライアンス対応を行った上で「リスク」に気兼ねすることなく自信を持ってビジネスを展開するのとでは、後者のほうが効果的なビジネス展開ができるのは明白です。

　コンプライアンス対応とは、事業者が安心して本業であるビジネスに集中するための必要不可欠な作業です。中国データ関連4法についても、この認識のもと、着実に対応を進めていただければと考えています。

　以降、中国サイバーセキュリティ法（CSL）、中国暗号法、中国データセキュリティ法（DSL）、中国個人情報保護法（PIPL）について、各章で解説します。それぞれ章の最初で外観を紹介し、具体的な内容に関してはQ&Aの形で見ていきます。

---

[55] 最高检下发通知 明确个人信息保护公益诉讼办案重点
https://www.spp.gov.cn/spp/zdgz/202108/t20210822_527281.shtml

第2章

中国サイバーセキュリティ法
（CSL）

2.1 オーバービュー

　中国サイバーセキュリティ法（以下、CSL）は、中国で最初に整備された
データ関連法で、サイバースペースのセキュリティの担保を目的としてい
ます。規制対象は「ネットワーク」（网络）そのものであり、データ関連法
の最初の法律として広い網をかけた法律ととらえることができます。

　CSLが目指すのはネットワークのセキュリティ（网络安全）の確保、す
なわちサイバーセキュリティの確保（CSL第1条）で、規制対象は中国国内
のネットワークです。ここでいうネットワークとは、「コンピューターある
いはその他の情報端末および関連機器で構成されるシステムで、一定のルー
ルやプログラムに従って情報を取得、保存、送信、交換、処理するもの」
（CSL第76条（1））を指すため、インターネットのみならずイントラネット
もCSLの対象となります。自社で運用する企業のウェブサイト、B2Cで独
自に作成したアプリ、WeChat（微信）のミニプログラムもネットワークと
みなされ、CSLの適用対象となります。

　規制対象の主体はネットワーク運営者（网络运营者）です。ネットワー
ク運営者とは「ネットワークの所有者、管理者、ネットワークサービスを
提供する者」（CSL第76条（3））を指します。CSLの適用を受けるかどうか
はこの定義をもとに判断しますが、組織がネットワークを「所有」または
「管理」しているだけではなく、その運営に「責任」を負うかがポイントと
なります。自社で社内イントラを構築しているだけでもネットワークを「所
有」または「管理」していることとなり、その運営に「責任」を負うため、
CSLが適用されます。

　CSLの規制要件を具体化した制度が「等級保護制度」です。等級保護制
度は、中国が国として求める最低限のネットワークセキュリティ水準を確
保するために設けられた制度で、ネットワーク運営者には準拠義務があり

ます。CSLがネットワーク運営者に要求するセキュリティ対策は、次に挙げる4つの項目です（CSL第21条）。

(1) 情報セキュリティを管理するためのITガバナンスの整備
(2) サイバーセキュリティのリスクに対処するための技術的措置の整備
(3) ログの保存およびネットワーク監視技術の導入
(4) データのバックアップとデータの暗号化など、データの保護措置

　詳細要件は、等級保護制度の要件を定めた国家規格である「GB/T 28448-2019 网络安全等级保护测评要求」（ネットワークセキュリティ等級保護評価要求事項）で定められています。
　適用される等級はネットワーク運営者が運営するネットワークのリスクの度合いで決まり、その詳細は国家規格である「GB/T 22240-2020 网络安全等级保护定级指南」（ネットワークセキュリティ等級保護の等級決定に関するガイドライン）で説明されています。
　CSLにおけるデータ保護は、原則としてネットワークデータが対象です。ネットワークデータとは「ネットワークを通じて取得、保存、送信、処理、生成される、あらゆる種類の電子データ」（CSL第76条（4））のことで、電子データが対象です。ただし、個人情報の定義は「電子的またはその他の方法で記録された、単独または他の情報と組み合わせて自然人（生存する個人のこと）を識別できるあらゆる種類の情報で、自然人の氏名、生年月日、身分証明書番号、個人の生体識別情報、住所、電話番号などを含むが、これらに限らない」（CSL第76条（5））とされているため、非電子データも含まれます。すなわち、CSLの個人情報保護関連の規定（CSL第41条、42条、43条、44条、45条）では、非電子データも規制対象です。個人情報保護については、CSLとは別に、個人情報保護法（PIPL）が施行されています。CSLの個人情報保護とPIPLの規定は重複しているため、実務上はPIPLを主として対応します。
　CSLでもう1点重要なのは、データローカライゼーション（データの国内保存）の要求です。CSL第37条では「重要情報インフラ運営者が中国国内

における運営を通じて取得、生成した個人情報および重要データは中国国内に保存しなければならない。業務の必要上、国外にデータを提供する確かな必要性がある場合には、国家ネットワーク情報部門が国務院の関連部門と共同して制定するガイドラインに従い、セキュリティ評価を行わなければならない」とされ、重要情報インフラ運営者の場合は、データの国内保存義務が生じます。CSL第31条ではネットワーク運営者であっても同様の措置をとることが推奨されます[1]。

　CSL第37条で述べられる「セキュリティ評価」の具体的内容については継続的にガイドラインが更新されています。最近では2021年10月に「数据出境安全评估办法（征求意见稿）」（データ越境セキュリティ評価のガイドライン（意見募集稿））が公布され、方向性が固まりつつあります。

---

[1]「个人信息和重要数据出境安全评估办法（征求意见稿）」ではネットワーク運営者の義務としてデータの国内保存義務を規定しています。

2.2 CSLの全体像

CSLの構成と内容

　CSLは全7章79条からなる法律です。中国国内におけるネットワークセキュリティを確保することを目的とした法律で、情報セキュリティ、個人情報保護、データの越境移転に対して規制を行っています。CSLは中国データ関連4法の基本法となっているといえます。

　CSL全体の構成は次のとおりです。

　第1章　総則
　第2章　ネットワークセキュリティへの支援と促進
　第3章　ネットワーク運営のセキュリティ
　　　第1節　一般的なルール
　　　第2節　重要情報インフラのオペレーションセキュリティ
　第4章　ネットワーク情報のセキュリティ
　第5章　監視、警告、緊急時の対応
　第6章　法的責任
　第7章　附則

　第1章では総則としてCSL全般に関係する内容を規定しています。具体的にはCSLの目的、適用範囲、CSLの実施における国の役割の定義、国としての監督体制や方針といったことを定めています。

　第2章では、「ネットワークセキュリティへの支援と促進」と題してネットワークセキュリティを推進するためのロードマップが示されています。実務上企業が参照することはないでしょう。

　第3章と第4章はCSLの最も重要な部分です。第3章では、中国国内での
ネットワークセキュリティを確保するために等級保護制度が規定されてい
ます（CSL第21条）。ネットワーク運営者には等級保護制度を遵守する義務
があります。また、ネットワーク運営者は、ネットワーク製品やネットワー
クサービスを利用する際、関連する国家規格の強制要件に合格したものを
利用しなければなりません（CSL第22条）。これらのネットワーク製品や
ネットワークサービスは、販売、提供を開始する前に有資格の機関から認
証を取得する、または有資格機関による検査を受けることが義務付けられ
ているので（CSL第23条）、機器やサービスには国家規格への合格が明示さ
れているはずです。ネットワーク運営者は、国家規格への合格を明示した
製品やサービスから選択するようにしてください。

　セキュリティ対策はネットワークの持つリスクに応じて対応が変わりま
す。CSLでは、「重要な産業や分野で、破損、機能喪失、あるいはデータ漏
洩などにより、国家安全保障、国民生活、公共の利益を著しく損なう可能
性のある重要な情報インフラについては、ネットワークセキュリティ等級
保護制度に基づいた、重点保護を実施する」（CSL第31条）としており、第
3章第2節に重要情報インフラに対する特別な保護要件を設けています。重
要情報インフラに該当するかについての判断は容易ではありませんが、
2021年11月に公布された「网络数据安全管理条例（征求意见稿）」（ネット
ワーク・データ・セキュリティ管理条例（意見募集稿））に詳細な例が示さ
れているので参考になります。実務上は、政府が出しているガイドライン
をもとに重要データと非重要データを分類し、迷うところは公安部に相談
しながら明確化して分類を完了するという作業を行います。

　第3章では、その他、ネットワークユーザーの実名をネットワーク運営者
に提出させる「実名登録制度」も規定しています（CSL第24条）。ネットワー
ク上での犯罪行為を取り締まるための中国独自の制度です。遵守するよう
にしてください。

　第4章で主に扱われるのは個人情報保護です。CSLは基本的にサイバー
スペースにおけるセキュリティを規制しているのですが、個人情報の定義に
ついては「電子的またはその他の方法で記録」されたデータを含んでいま

す（CSL第76条（5））。そのため、ネットワーク運営者は、非電子データの個人情報についても、CSL第41条、42条、43条、44条、45条で規定されている要件に対応する必要があります。ただし、個人情報保護については、個人情報保護法（PIPL）が施行されており、CSLの個人情報保護とPIPLの規定は重複しているため、実務上はPIPLを主として対応します。

　第4章では、ネットワーク運営者の責任を定めています（CSL第46条、47条）。違法行為を発見した場合にはサービスの提供を停止する（CSL第48条）、セキュリティに関連した苦情や通報を受け付ける義務を課す（CSL第49条）など、安全性も確保した運営を求めています。

　第5章はセキュリティインシデント対応についての規定です。CERT組織の運用と、特に重要情報インフラにおける緊急時対応の準備を整備することを規定しています。

　第6章はペナルティについての規定です。組織だけではなく、組織の中の責任者に対してもペナルティが科されます。犯罪につながる行為があった場合は、罰金の他、拘留される可能性もあるという厳しい措置がとられるので注意が必要です。

　第7章は附則として用語の定義がされています。CSLの適用を判断するために重要な「ネットワーク」や「ネットワーク運営者」といった用語の定義がされているため、必ず確認し、正しく理解してください。

CSL対応のポイント

　CSLは、中国国内におけるネットワークの構築、運営、維持、保護、使用およびネットワークセキュリティの監督管理を規制しています（CSL第2条）。前述のように、ネットワークとは「コンピューターあるいはその他の情報端末および関連機器で構成されるシステムで、一定のルールやプログラムに従って情報を取得、保存、送信、交換、処理するもの」（CSL第76条（1））を指すため、ほとんどの組織は「ネットワークの所有者、管理者、ネットワークサービスの提供者」となり、「ネットワーク運営者」と分類されます。

　中国でネットワークを運営する組織は、等級保護制度への準拠（CSL第21条）と個人情報および重要データの国内保存（CSL第37条）への対応を行わなければいけません。

　等級保護制度では、等級の判断が重要です。2級以上の場合は評価機関の審査を通じた認証取得が必要となります。日本企業をはじめとする中国国内で事業展開する外国組織は、通常3級以上として等級が認定されることが多いようです。

　データの国内保存要件は、重要情報インフラ運営者の要件として規定されています（CSL第37条）。ただし、2017年4月に出された「个人信息和重要数据出境安全评估办法（征求意见稿）」というガイドラインでは、ネットワーク運営者に対してもデータの国内保存義務を課しています。「数据安全管理办法（征求意见稿）」第41条には中国国内でインターネットにアクセスする中国国内ユーザーのトラフィックについて、国外にルーティングしてはならないという要件も見られます。安全を期するのであれば、ネットワーク運営者であっても（重要情報インフラ運営者でなくとも）中国国内で取得、生成したすべてのデータは、ルーティングを含め国内で閉じたものとするとよいでしょう。

　ちなみに、個人情報については、「処理する個人情報が国家ネットワーク情報部門の規定する数量に達した個人情報処理を行う者は、中国国内で収集、生成した個人情報を国内に保存しなければならない」（PIPL第40条）とされ、重要情報インフラ運営者でなくても条件次第で個人情報の国内保存義務が課されるようになっています。一般に、100万人以上の個人情報を処理する場合や1万人以上のセンシティブな個人情報を処理している場合にはこの要件が適用されると考えてよいでしょう。

　データを中国国外に移転する場合には、データ越境移転の適法化措置が必要です。重要情報インフラ運営者に対して公的機関が実施するセキュリティ評価への合格が要求される（CSL第37条）他、その後の法規制の整備の中で新たな要件も追加されつつあります[2]。

---

[2] PIPL第38条でデータ越境移転の適法化として新たに追加された「認証」「契約」を非個人情報に対しても適用しようという動きが「数据安全管理办法（征求意见稿）」第35条には見られます。

　適法化措置についての明確な指針は現段階では出ていません。ただ、データ越境移転は最もセンシティブな話題の1つです。最新動向を注意してモニタリングし、適切な対応を選択しなければならないことを覚えておいてください。

CSL関連法規

　CSLについては数多くの関連する法規制やガイドラインが出ています。ここではいくつか重要なものを紹介します。

　最近出たもので重要なものは、「数据出境安全评估办法（征求意见稿）」と「网络数据安全管理条例（征求意见稿）」です。前者はデータの越境移転に関して国が実施するセキュリティ評価についてのガイドラインであり、後者は、ネットワーク上のデータに関する安全管理措置についての条例です。

　「数据出境安全评估办法（征求意见稿）」では、100万人に達する個人情報を中国国外に向けて提供する場合や、外国への個人情報の累計提供数が年間10万人以上、またはセンシティブな個人情報の累計提供数が年間1万人以上となる場合には、国家によるセキュリティ評価を実施する必要があるとしています。この評価は国が実施するもので、データ移転の目的、範囲および方法の合法性、正当性および必要性、外国の受領者が所在する国や地域のデータセキュリティ保護政策や規制およびネットワークセキュリティ環境が移転データのセキュリティに与える影響、外国の受領者のデータ保護レベルが中国の法律および行政法規や必須の国内基準の要件を満たしているかを確認するとしています。「数据出境安全评估办法（征求意见稿）」第9条にはデータ移転契約に含むべき内容も規定されているので、現時点での暫定的なデータ越境移転契約を作成する際には参考になります。

　「网络数据安全管理条例（征求意见稿）」では、重要データや核心データなど、定義があいまいだった用語に対して追加的な定義が提供されている他、セキュリティインシデントにより個人または組織に被害が発生した場合には3営業日以内に関係者に通知しなければならないこと、権利行使の請

求があった場合は15営業日以内に対応しなければならないこと、データセキュリティに関連する技術スタッフおよび管理スタッフに対しては毎年20時間以上の教育・訓練を実施しなければならないこと、一定の条件に合致する場合に個人情報の削除または匿名化を15日以内に行うことなど、実務上重要な期限が提示されています。

「個人信息和重要数据出境安全评估办法（征求意见稿）」はJETROのガイダンスで取り上げられたこともあり、日本ではCSLと併せて参照されることの多いガイドラインです。2017年に出されたこのガイドラインでは、その第2条で「中国国内でネットワーク運営者が取得、生成した個人情報および重要データは国内に保存しなければならない。業務上の理由で確かに中国国外に移転が必要な場合は、本評価法に従ってセキュリティ評価を実施するものとする」と規定しています。CSLでは重要情報インフラ運営者のみに課されていたデータの国内保存規定がネットワーク運営者にまで拡大されているため注目されました。ただし、最近のガイドラインを見ていると、国内保存義務をすべてのネットワーク運営者に適用させるのは行き過ぎというスタンスに変わりつつあるようです。現時点では、重要情報インフラ運営者のみの義務とみなしつつ、一定数のデータを処理する場合に国内保存義務を考慮するというのが現実的な対応と思われます。

もう1つCSLと併せて参照されることが多いガイドラインとしては、2019年に出された「个人信息出境安全评估办法（征求意见稿）」があります。こちらも、第2条で「ネットワーク運営者は、中国国内で業務上取得した個人情報を海外に提供する場合、本ガイドラインに基づきセキュリティ評価を実施しなければならない。セキュリティ評価の結果、国家安全保障に影響を与える、公共の利益を損なう、または個人情報のセキュリティを効果的に保護することが困難であると判断される場合は、当該個人情報を輸出してはならない」と規定しており、CSLで重要情報インフラ運営者にのみ要求されていた内容がネットワーク運営者にまで拡大されています。

セキュリティ評価の要件についてもデータの国内保存規定と同様、最近のガイドラインを見ていると、すべてのネットワーク運営者に適用させるのは行き過ぎというスタンスに変わりつつあるようです。公式に有効な規

制はCSL第37条に規定されている重要情報インフラ運営者に対する要件と
PIPL第40条で規定されている要件のみなので、重要情報インフラ運営者で
ある場合と、目安として「100万人に達する個人情報を取り扱う個人情報処
理を行う者で中国国外に向けて個人情報を提供する場合」や「外国への個
人情報の累計提供数が10万人以上、またはセンシティブな個人情報の累計
提供数が1万人以上となる場合」にセキュリティ評価義務を考慮するという
のが現実的な対応と思われます。

　次節からはQ&A形式でCSLのポイントを見ていきましょう。

2.3 CSLの目的と適用

Q1 CSLはどのような目的で作られた法律ですか？

A1 デジタル化する経済において、中国として国全体でのネットワーク上のセキュリティを整備するために用意された法律です。

解説

CSLは2014年の中国国家安全委員会に端を発する一連の立法活動の中で、データセキュリティ対策の第一弾として成立した法律です。目的は、「ネットワークセキュリティを保護し、サイバースペースの主権と国家安全保障および社会の公益を守り、市民、法人、その他の組織の正当な権利と利益を保護し、経済・社会の情報化の健全な発展を促進する」（CSL第1条）ことです。

デジタル化する経済ではサイバーセキュリティが基礎をなします。サイバー戦争という言葉もあるとおり、サイバースペースでは国家が覇権をめぐってしのぎを削り合っています。CSLが、国家レベルでセキュリティ対策について戦略的なアプローチを規定する法律としてデータ関連法の中で最初に制定されたのは、決して偶然ではありません。

サイバースペースには、サイバー犯罪の問題もあります。CSLの成立が急がれた背景には、社会のデジタル化が急速に進展する中で、安全、安心なサイバースペースを実現するためのルール作りが急務だったこともあります。

CSLは、中国のデジタル化を方向付ける基本法としての性格を強く持ちます。中国のデータ関連の法律を理解するためには、まずCSLを正しく理解しなければなりません。

組織がとるべき対策

　法規制には必ず「文脈」があります。個別の法規制を別々に理解するのではなく、どのような文脈の中で何を重視して用意された法律かを理解するようにしてください。できるだけ幅広い情報にふれ、原文で情報ソースにあたることで、現地の感覚を模索するとよいでしょう[3]。

Q2　CSLは誰に適用されますか?

A2　CSLは、中国国内に構築、使用、運営、維持、保守されるネットワークに対して適用されます。法律を遵守すべき主体はネットワーク運営者です。ネットワーク運営者のうち重要情報インフラを運営する者は重要情報インフラ運営者として、より高いセキュリティ要件が課されます。

解説

　CSLは「中国国内で構築、運営、保守、使用するネットワークおよびネットワークセキュリティの監督、管理」(CSL第2条) に適用されます。ここでいう中国国内とは中国本土を指し、香港、台湾、マカオは含まれません[4]。法律を遵守する義務を負うのはネットワークを運営する「ネットワーク運営者」です。ネットワーク運営者とは「ネットワークの所有者、管理者、ネットワークサービスを提供する者」(CSL第76条 (3)) を指します。ネットワーク運営者についてはQ3で詳しく説明しているので、こちらも参照してください。

　ネットワーク運営者の中でも「公共の通信情報サービス、エネルギー、交通、水資源、金融、公共サービス、電子政府などの重要な産業や分野で、

[3] 日本で報道される中国関連のニュースでは強権国家としての側面が強調されますが、原文にあたるとそれ以外の側面も現れます。そもそもニュースとは、ニュースになることや人の注意を惹くことを報道するものでしかありません。ニュースやオピニオンリーダーのコメントにふれる際は、「事実」と「意見」とを切り離して自分の頭で冷静に分析したいものです。
[4] 最近の一連の動きを受けて、「网络数据安全管理条例」第13条では香港を中国国内とする可能性が示唆されています。

破損、機能喪失、あるいはデータ漏洩などにより、国家安全保障、国民生活、公共の利益を著しく損なう可能性のある重要な情報インフラ」を運営する組織は「重要情報インフラ運営者」と呼ばれ、CSL第3章2節（CSL第31条から39条）でより厳格な要件が規定されています。重要情報インフラ運営者の責任についてはQ10で詳しく説明しているので、こちらも参照してください。

　CSLでは「ネットワーク製品およびネットワークサービスは、関連する国家規格の強制要件に適合しなければならない」（CSL第22条）としており、ルーターなどのネットワーク機器に対しても国家規格への準拠が求められます。

組織がとるべき対応

　組織は、ウェブサイトやイントラネットを含め、ネットワークを中国国内で構築している限り、CSLの適用を受けます。ネットワーク運営者である場合、CSL第21条で規定される等級保護制度の遵守義務が生じます。ネットワーク運営者である場合は、「重要情報インフラ運営者」に該当するかの判断も重要なポイントとなります。重要情報インフラ運営者である場合は3級以上の等級が適用され、等級保護認証の取得が必要です[5]。

　構築しているネットワークが、組織外部とのデータ交信機能を全く持たない場合、等級は1級となり、等級保護認証は取得不要です。ただし、「GBT28448-2019 网络安全等级保护测评要求」には等級が1級となる場合についてもセキュリティ要件が規定されており、この要件に合致した運用を行う必要があります。また、認証の取得は不要でも公安部への届け出が規定されています。

---

[5] 一般に、重要情報インフラ運営者でなくても、外資系企業であれば等級保護の等級は3級以上として認定されることが多いようです。

Q3 ネットワーク運営者とはどのような組織ですか？

A3 中国国内で企業ウェブサイトやネットショップを運営している組織や、プラットフォーム上に構築される独自アプリやミニプログラムを運用している組織はネットワーク運営者となります。

解説

　CSLで用いられる「ネットワーク」という言葉は、「コンピューターあるいはその他の情報端末および関連機器で構成されるシステムで、一定のルールやプログラムに従って情報を取得、保存、送信、交換、処理するもの」（CSL第76条（1））を指します。電子的に接続されたシステムはすべてネットワークです。外部接続されていない工場内システム、オフィス内のイントラネット、外部公開されていない社内文書管理システム、外部接続されていないPOSシステム、ネットショップ、CRMシステム、ウェブサイト、SaaSサービス、クラウドサービス、アプリ、プラットフォーム上に構築するミニプログラムなどはすべてネットワークとなります。

　Q2で紹介したとおり、ネットワーク運営者とは「ネットワークの所有者、管理者、ネットワークサービスを提供する者」（CSL第76条（3））を指します。ネットワークに対して「責任」を持つ場合、ネットワークを「所有」する場合、ネットワークを「管理」する場合、サービスとしてネットワークを「提供」している場合、ネットワーク運営者と判断されます。

　現代のビジネスはネットワークと切り離して考えることができないことを考えると、中国国内で活動をしている組織は基本的にネットワーク運営者であるといえます。

組織がとるべき対応

　中国国内で事業活動をしている場合、自社がネットワーク運営者となることを認識し、Q4で解説する内容を確認してコンプライアンス対応を進めてください。越境ECなど、中国国内にネットワークを持たない場合は等級

保護制度への準拠は求められませんが、データ越境移転規制への対応が必要となります。

Q4 ネットワーク運営者の責任について教えてください

A4 ネットワーク運営者は等級保護制度の要求に従って、運用するネットワークのリスクに応じたセキュリティ対策を行わなければなりません。また、インシデント対応計画を策定し、インシデント発生時には管轄部門に報告することも求められます。

解説

　CSL第21条では、ネットワーク管理者はネットワークの妨害、破壊、不正アクセスからの保護を行い、ネットワークを通じて取得、保存、送信、処理、生成された電子データが漏洩したり盗難されたり改ざんされないよう、適切な安全保護措置をとることとしています。また、CSL第25条はインシデント対応計画の策定とインシデント発生時の対応を求めています。CSLは法律なので具体的な対策内容は規定しませんが、方針として次の4点を挙げています。

(1) 内部のセキュリティ・マネジメント・システムおよびオペレーションに関する規定を制定し、ネットワークセキュリティの責任者を確定し、ネットワークセキュリティ保護に対する責任を履行すること

(2) コンピューターウイルスやサイバー攻撃、ネットワークへの侵入など、ネットワークセキュリティを脅かす行為を防止するための技術的措置を講じること

(3) ネットワークの運用状況およびネットワーク・セキュリティ・イベントを監視および記録するための技術的手段を採用し、規則に従って関連するネットワークログを6ヶ月間以上保持すること

(4) データの分類、重要なデータのバックアップ、暗号化などの措置を
　　とること

(1) は、情報セキュリティに関する体制整備を指しています。具体的には、
情報セキュリティ・マネジメント・システムを組織内に構築し、運用します。
情報セキュリティポリシーの制定やアクセス管理に関するポリシーの制定、
インシデント対応に関するポリシーの制定など社内ルールを文書化し、展
開します[6]。なお、CSL第21条に対する違反があった場合には直接の責任
者に対して罰金が科されることがCSL第59条で明記されており、ネット
ワークセキュリティの責任者は情報セキュリティ体制整備に対する法的責
任を負っています。

(2) は、いわゆる技術的なセキュリティ対策の実装を指しています。セ
キュリティ責任者は定期レビューを通じて現状を把握し、必要に応じて技
術的措置を更新しなければなりません。

(3) はインシデント対策としてのセキュリティイベントの監視と証跡の
保護についての要件です。セキュリティ対策では、インシデントやサイバー
攻撃が発生することを前提に対策を行う必要があります。CSLではログを
6ヶ月以上保管するよう要求していますが、取得するログの種類や保管の方
法についての規定はありません。

(4) はデータ分類に基づいたセキュリティ対策の実装、データのバック
アップ、暗号化などの対策についての要件です。CSLは2016年に成立した
法律としては先進的なアプローチを取り入れており、データ単位でリスク
を評価し分類管理するデータガバナンスのアプローチが要求されています。
さらに、データの棄損、損失、破壊への対策としてバックアップの実施や
漏洩対策としての暗号化の実施も規定されています[7]。

---

[6] ITガバナンスの世界では「基本方針」(policy)、「対策基準」(standard)、「実施手順」(procedure)
といった文書体系を用意することが推奨されています。「基本方針」は why（なぜ重要か）を、「対策基準」
は what（何をすべきか）を、「実施手順」は how（どのようにすべきか）を規定します。

[7] 暗号化については、事業者の場合、中国暗号法で要求される商用暗号の使用が要求されます。

　ネットワーク運営者の責任でもう1つ重要なのは、国家強制規格[8]に合格したネットワーク製品を利用してネットワークを構築しなければならないことです（CSL第23条）。中国国内で使用するネットワーク機器については中国が認定した機器を選択しなければなりません。

　ネットワーク運営者はネットワーク・セキュリティ・インシデント緊急対応計画を制定し、ネットワークセキュリティを危険にさらすインシデントが発生した場合には直ちに緊急対応計画を発動し、適切な救済措置を講じ、規定に従い関係主管当局に報告しなければなりません（CSL第25条）。

　「网络数据安全管理条例（征求意见稿）」第11条には、インシデント対応計画の整備に関連して具体的な要件が規定されています。企業はインシデント発生後、すみやかに緊急対応メカニズムを作動させ、被害の拡大を防止し、セキュリティ上の危険性を排除するための措置を講じなければなりません。セキュリティインシデントにより個人または組織に被害が発生した場合には3営業日以内に関係者に通知する必要があります。通知すべき内容はセキュリティインシデントが発生した事実とリスク状況、および被害の結果と講じた是正措置です。通知する方法も規定されており、電話、SMS、インスタントメッセンジャー、電子メールが例として挙げられています。通知できない場合には、ウェブサイトや新聞などへの公示を利用することもできます。

　重要データまたは10万人以上の個人情報が漏洩、棄損、紛失などのデータ・セキュリティ・インシデントが発生した場合には、より厳重な対応が必要となります。まず、インシデント発生後8時間以内に、当該地区の自治体のネットワーク情報部門および関連する主管部門に対して関係するデータの量と種類、考えられる影響、実施した、または実施予定の対応方法を通知する必要があります。また、インシデント対応が終了した5営業日以内にインシデントの原因、被害の結果、責任の処理、是正策などを含む調査・評価報告を提出しなければなりません。

---

[8] 中国の国家標準規格は強制標準、推奨標準に分かれています。強制規格は人身の健康および生命、財産の安全、国家安全、生態環境の安全、経済・社会の管理の基本的な需要を満たすために制定され、対象の製品やサービスなどに強制的に適用される国家標準のことを指します。

組織がとるべき対応

　CSLは組織に対して情報セキュリティ対策の基本に則った対策をとるよう求めています。組織は情報セキュリティ体制を整備し、強い権限を備えたCISO（Chief Information Security Officer；最高情報セキュリティ責任者）のもと組織的にセキュリティ対策を実装する必要があります。

　グローバルにビジネスを展開する組織であれば、グローバル・セキュリティ・ガバナンス体制を整備するとよいでしょう。グローバル・セキュリティ・ガバナンス体制を構築する上で参照すべきは国際標準や国際的に受け入れられているセキュリティ認証制度です。この他、米国が出しているNIST SP 800-53も余力があれば参照してください。

　中国でネットワークを構築する場合には中国が認定した機器を選択してネットワークを構成してください。グローバルITガバナンスの規定の一環で使用機器を型番指定していても、互換性のある機器を選定しなければなりません。この部分についてはローカル対応が必要であることを認識した上で、柔軟な制度設計をしてください。

　中国の法規制ではインシデント対応に特に力を入れています。データ関連4法とそのガイドラインでは、必ずインシデント対応について言及されています。CSL第25条では「緊急対応計画」の制定が求められています。実効性を持たせるためにも、年に一度は関係者による緊急対応計画のテーブル・トップ・エクササイズ[9]を行い、結果に応じて必要な更新をかけるなど、継続的なメンテナンスを実施することも有効です。

---

[9] テーブル・トップ・エクササイズ（Table Top Exercise；TTX）は、インシデントの発生時に実行可能な対処プロセスを策定する、対応の精度を向上させる目的で行う机上演習のことです。

Q5 中国国内で提供されるSaaSサービスを利用している場合、当社はネットワーク運営者になりますか?

A5 いいえ。等級保護認証取得済みのSaaSサービスを利用し、SaaSサービスにデータを入力する「利用者」である場合は、ネットワークを「所有」しているとはみなされず、ネットワーク運営者とはなりません。

解説

　CSLが課す義務はネットワーク運営者が履行しなければなりません。ネットワーク運営者とは「ネットワークの所有者、管理者、ネットワークサービスを提供する者」（CSL76条（3））を指します。SaaSサービスを利用する場合、SaaSサービスがネットワークサービスを提供する者となり、SaaSサービスを利用する組織は「利用者」となります。「利用者」はネットワークを所有、管理、提供していないため、当該サービスについて等級保護認証を取得する義務は生じません。SaaSサービスであっても、等級保護認証未取得の場合、サービスが急に利用できなくなるリスクがあります。SaaSサービスを選択する際は等級保護認証取得済みのサービスを選択してください。

組織がとるべき対応

　等級保護認証取得済みのSaaSサービスを利用すれば、組織は当該システムについては等級保護認証を取得する必要がありません。等級保護認証の取得にはコストがかかるため、できるだけ等級保護認証取得済みのSaaSサービスを利用するとよいでしょう（SaaSサービスを利用する際は、該当のSaaSサービスがCSLの等級保護認証を取得済みであることを必ず確認してください）。SaaSサービスについての等級保護認証の取得は不要でも、独自で構築しているネットワークがある場合にはCSLの義務が課され、等級保護認証の取得が必要となることは注意しておいてください。

Q6　WeChatでミニプログラムを運営している場合、当社はネットワーク運営者になりますか?

A6　WeChatに限らず、プラットフォーム上でミニプログラムを作成しているのが自社である場合は、ネットワーク運営者となります。システム会社が作成した汎用ミニプログラムをサービスとして購入して利用している場合には、サービスの「利用者」となり、組織はネットワーク運営者とはなりません。

解説

たとえばWeChatなどのプラットフォーム上でミニプログラムを運営している場合、企業はネットワーク運営者となるのでしょうか。この質問に対する回答は、ミニプログラムを誰が運用しているかで異なります。もし、ミニプログラムを自社で構築、運用している場合は、当該企業はネットワーク運営者となり、ミニプログラムについても等級保護認証の取得が必要となります。もし、既製品のミニプログラムサービスを購入、それを利用してサービスを提供している場合は、当該企業はネットワークサービスの利用者となり、等級保護認証の取得は要求されません。等級保護認証は、ミニプログラムを提供するサービス提供業者の義務となります。

ネットワーク運営者であるかの判断基準はネットワークを所有、管理しているか、です。この判断は実態をもとに行われます。形の上では既製品を購入しているとしても、その仕様を実質的に決定しているのが利用者である場合はネットワークの責任者となる可能性が高いことにも留意しておいてください。

組織がとるべき対応

企業は、CSL第76条(1)、(3)の定義をもとに、自社がネットワーク運営者となるかを判断します。ネットワークを利用しているだけではネットワーク運用者とはなりません。等級保護認証取得のコスト負担を減らすためにも、利用できる場合はできるだけ等級保護認証取得済みの外部サービスを利用するとよいでしょう。

Q7 当社は越境ECを行っていますが、中国国内に拠点はありません。CSLの適用対象となりますか？

A7 中国国内にネットワークを所有していない場合はCSLの適用対象外です。しかし、データセキュリティ法（DSL）や個人情報保護法（PIPL）の域外適用の対象となるため、これらの法律への対応が必要となります。

解説

　CSLは「中国国内で構築、運営、保守、使用するネットワークおよびネットワークセキュリティの監督、管理」について適用される（CSL第2条）ため、中国国外から中国国外にあるネットワークを利用して販売を行う越境ECについてはCSLの適用はされません。当然、CSL第37条で規定される国内保存義務や「个人信息和重要数据出境安全评估办法（征求意见稿）」に記載がある内容も、中国国外にある事業者には適用されないと考えてよいでしょう。

　CSLには域外適用の規定はありませんが、越境ECを行っている事業者は域外適用の規定のあるDSLやPIPLの遵守が要求されます。DSLではCSLの規定が参照されるため（DSL第31条）、最終的にはやはりCSLの規定の遵守が必要となります。

　ガイドラインレベルでは2021年12月に公布された「网络数据安全管理条例（征求意见稿）」でも域外適用規定があります。本条例案では、国外の事業者であっても「中国国内に製品またはサービスを提供する目的で実施するデータ処理活動」も規制対象となる（第2条）としており、越境移転の通知と単独同意（個別的同意）の取得（第36条）、越境セキュリティ評価の実施（第37条）、データを越境移転する者の義務の履行（第39条）、越境移転の報告義務（第40条）といった要件が適用されることとなっています。「网络数据安全管理条例（征求意见稿）」は意見募集稿であり、これが直ちに適用されることはありませんが、将来的に域外適用がなくなることは考えにくいので、域外適用を前提に遵守すべき義務について今後の動向に注視していく必要があります。

組織がとるべき対応

越境ECを運営している場合でも、DSLやPIPLによって中国国内法への準拠が求められています。特に、越境ECでは中国の個人情報を大量に取得するため、PIPLへの準拠が重要です。PIPL遵守違反が原因で中国からの接続が完全に遮断され、結果として注文が受けられなくなった越境EC企業もあるため、PIPLへの対応は確実に行ってください。

CSLには域外適用の規定はありませんが、DSLで域外適用の規定がされ、CSLの規定を参照しているため（DSL第31条）、結果的にはCSLに準拠する必要が生じます。「网络数据安全管理条例（征求意見稿）」でも域外適用の規定があり詳細に要件が定められているので、対応可能な部分は対応を進めておくとよいでしょう（Q15参照）。

Q8 重要情報インフラ運営者とはどのような組織ですか？

A8 重要情報インフラ運営者とは、ネットワーク運営者のうち、重要情報インフラを運営する者を指します。金融業や100万人以上を目安として大量の個人情報を扱うオンライン事業者、医療事業者は重要情報インフラ運営者に分類される可能性があります。

解説

重要情報インフラについての定義はCSL第31条にあります。それによると、「公共の通信情報サービス、エネルギー、交通、水資源、金融、公共サービス、電子政府などの重要な産業や分野で、破損、機能喪失、あるいはデータ漏洩などにより、国家安全保障、国民生活、公共の利益を著しく損なう可能性のある」設備が重要情報インフラとして分類されます。2021年9月に施行された「关键信息基础设施安全保护条例」第2条も同じ定義を採用しています。

組織がとるべき対応

　組織は、CSL第31条、あるいは「关键信息基础设施安全保护条例」第2条の定義に照らして重要情報インフラ運営者に該当するかを確認してください。重要情報インフラ運営者となるかは決して独自判断せずに、管轄部門への確認を行うのがよいでしょう。日本の企業だから重要情報インフラ運営者に該当しないということはありません。日本企業でも、発電所の部品を製造していること、多量の個人情報を処理していることから重要情報インフラ運営者と判断されたケースがあります。

　重要情報インフラ運営者に該当することがわかった場合、Q10で解説する重要情報インフラ運営者の義務を遵守しなければなりません。ネットワーク運営者の義務よりも厳格な義務が設定されているので注意をしてください。

Q9 重要データとはどのようなデータですか？

A9　CSLには重要データの定義はありませんが、2021年11月に公布された「网络数据安全管理条例（征求意见稿）」では、「改ざん、破壊、漏洩、不法な取得や不法な利用が発生した場合に、国家安全保障や公共の利益に危害をもたらす可能性のあるデータ」としています。

解説

　CSLでは、重要情報インフラ運営者の義務として「中国国内における運営を通じて取得、生成した個人情報および重要データは中国国内に保存しなければならない」（CSL第37条）としています。実は「重要データ」という言葉はこの条文で初めて出てくる用語ですが、定義がされていません。関連する法規制を確認すると、2021年11月に出た「网络数据安全管理条例（征求意见稿）」では第73条（3）で「改ざん、破壊、漏洩、不法な取得や不法な利用が発生した場合に、国家安全保障や公共の利益に危害をもたらす

可能性のあるデータ」とし、次のような詳細な具体例を提示しています。

「网络数据安全管理条例（征求意见稿）」が例示する重要データの例

- 未公開の政務データ、業務上の秘密、インテリジェンスデータ、法の執行および司法に関するデータ
- 輸出管理データ、輸出管理品目に関連するコア技術、設計スキーム、生産プロセスおよび関連データ、暗号、生物、電子情報、人工知能などの領域で、国家安全保障や経済の競争力に直接影響を与える分野の科学技術成果に関するデータ
- 国の法律、行政規則、部門規則で保護または普及の制御が明確に規定されている国家の経済運営データ、重要産業のビジネスデータ、統計データ
- 産業、通信、エネルギー、交通、水利、金融、国防科学技術産業、税関、税務などの重要産業・分野の安全な生産・運営に関するデータ、重要なシステムコンポーネントや機器のサプライチェーンに関するデータ
- 国家の関連部門が規定する規模や精度に達している、遺伝子、地理、鉱物、気象など、人口や健康、天然資源、環境に関する国家基本データ
- 国家インフラ、重要情報インフラの建設・運用およびそのセキュリティデータ、国防施設、軍管理区域、国防科学研究・生産ユニットなどの重要かつ機密性の高いエリアの地理的位置とセキュリティに関するデータ
- その他、国家の政治、国土、軍事、経済、文化、社会、科学技術、生態、資源、核施設、海外の利益、生物、宇宙、極地、深海などの安全に影響を与える可能性のあるデータ

組織がとるべき対応

　重要情報インフラ運営者に該当する場合、Q10で解説するセキュリティ対策要件が追加で求められる他、重要データの国内保存要件が課されます（CSL第37条）。したがって、CSL第21条で要求されるデータの分類を行う際に重要データの有無を分別し、重要データは確実に国内保存を行わなければなりません。

　なお、CSL第31条では「重要情報インフラ以外のネットワーク運営者に対しても、自発的に重要情報インフラ保護システムに参画することを推奨する」としています。ネットワーク運営者であっても重要データを扱う場合は国内保存を行うことが推奨されているため、可能であれば対応するようにしてください。

Q10 重要情報インフラ運営者の責任について教えてください

A10 ネットワーク運営者に課されたセキュリティ対策を行う義務の他、専門のセキュリティマネジメント組織を設置し、定期的に重要なシステムや重要なデータベースについてバックアップをとることが求められます。また、セキュリティインシデント対応計画の策定、定期的なトレーニングも義務付けられます。

解説

　重要情報インフラはインシデントが発生すると国家安全保障、国民生活、公共の利益を著しく損なう可能性があるため、その保護は重要です。CSLでは第3章第2節全体を重要情報インフラ運営者の義務の規定のために割いています。

　重要情報インフラ運営者にはネットワーク運営者よりも厳格なセキュリティ対策が求められます。CSL第32条では、「国務院が規定する職責分担に従い、重要情報インフラのセキュリティ保護に責任を負う部門は、各業界、分野における重要情報インフラのセキュリティ計画の実施を準備、組織し、重要情報インフラの運用に係るセキュリティ保護を指導、監督する」としており、ネットワーク運営者の場合よりも管轄部門が積極的に関与します。重要情報インフラ運営者は管轄部門による指導、監督に従わなければなりません。また、CSL第38条によると、重要情報インフラ運営者は年一度以上リスク評価を行い、リスク状況や是正措置を管轄部門に報告する義務も

毎年課されます。

　管轄部門は、報告を待つだけでなく積極的に検査を行うことも示唆されています。CSL第39条（1）は重要情報インフラのセキュリティリスクを抜き打ちで検査、テストし、改善措置を提出するとしています。また、必要な場合は、ネットワーク・セキュリティ・サービス機関にネットワーク上に存在するセキュリティリスクをテスト、評価させることができるとし、管轄部門に対して、重要情報インフラ運営者のセキュリティ対策の実効性を第三者機関に評価させる権限も与えています。その他、管轄部門には「関連部門、重要情報インフラ運営者、および関連研究機関やネットワーク・セキュリティ・サービス機関などとの間で、ネットワークセキュリティに関する情報共有を促進する」（CSL第39条（3））というミッションも課されているため、重要情報インフラ運営者は、管轄部門とのより密なコミュニケーションが必要となります。

　情報セキュリティに関して、重要情報インフラ運営者は3級以上の等級保護認証取得が求められます[10]。一般的なネットワーク運営者は2級となるのに比べると、要求されるセキュリティ要件が増える他、毎年更新審査が求められるという点でも扱いが厳しくなります。たとえば、CSL第34条（1）では専門のセキュリティマネジメント組織とセキュリティマネジメントに責任を負う者を設置し、当該責任者と重要な職位のスタッフのセキュリティ・バックグラウンド・チェックを行うとし、内部不正を防止するためのバックグラウンドチェックを実施することを要求しています。CSL第34条（2）では定期的に、実務者に対しサイバーセキュリティ教育、技術研修、スキル評価を行うこととし、スタッフへの定期的な情報セキュリティ教育および技術トレーニングとスキル評価を行うことを要求しています。この他、「重要なシステムやデータベースについてはバックアップをとること」（CSL第34条（3））、「インシデント対応計画を備え、定期的に訓練すること」（CSL第34条（4））も規定しています。

---

[10] たとえば2021年11月に出た「网络数据安全管理条例（征求意见稿）」によると、重要データを処理するシステムは、原則として等級保護制度で等級3級以上を取得しなければならないとされています（第9条、10条）。

使用するネットワーク機器やネットワークサービスについては国のセキュリティ審査に合格したものを利用するという要件（CSL第35条）や、ネットワーク機器やネットワークサービスの採用時にはNDAの締結も求められる（CSL第36条）など、ネットワークの構築、運用にかかわる規定もあります。ただし、実務上では等級保護制度への対応を行うことで情報セキュリティに対する要件が網羅できるので、等級保護認証の取得に集中すればよいでしょう。

情報セキュリティの範囲で網羅されない内容で注意が必要な規定は、データの越境移転に関する規制です。重要情報インフラ運営者は、処理する個人情報および重要データについては国内保存義務が生じます。重要情報インフラ運営者が扱うデータは、セキュリティ評価を実施し、評価に合格した場合にのみ、国外に提供できます（CSL第37条）。

ここでいう重要データの定義はCSL上にはありませんが、Q9で紹介したように、2021年11月に公布された「网络数据安全管理条例（征求意见稿）」で詳細な例示がされているので、参考にしてください。セキュリティ評価の内容については、「数据出境安全评估办法（征求意见稿）」が2021年10月に公布されている状態で、少しずつ評価の要件が固まりつつあります。

データの越境移転規制については本章2.5節で詳しく取り上げているので、そちらも参照してください。

組織がとるべき対応

重要情報インフラ運営者に分類されることがわかった事業者は、等級保護認証の取得をすみやかに実施する他、データの越境移転規制対応として、事業に関連して取得、生成するデータを中国国内に保存する運用を行わなければなりません。

データを中国国外に移転する際のセキュリティ評価については、現時点ではまだ施行されているガイドラインはありませんが、「数据出境安全评估办法（征求意见稿）」で挙げられている評価項目について、まずは自主評価した上で越境移転を行うようにするとよいでしょう。

「数据出境安全评估办法（征求意见稿）」で示されている自己評価の項目

- データ移転の合法性、正当性および必要性、ならびに海外の受取人によるデータ処理の目的、範囲および方法
- 国外へのデータ移転や外国の受領者の、データ処理の目的、範囲および方法の合法性、妥当性および必要性
- 移転されるデータ量、範囲、種類、およびセンシティブなデータが含まれる度合い、およびデータ移転が国家安全保障、公共の利益、および個人または組織の合法的な権利と利益に及ぼすリスク
- データ移転プロセスにおける情報処理者の管理上および技術上の対策と能力が、データの漏洩や破壊などのリスクを防止できるか
- 外国の受領者が負う責任と義務、および、その責任と義務を果たすための組織的措置や技術的措置と能力が、外国に出るデータのセキュリティを保障できるか
- 移転後、再移転後のデータの漏洩、破壊、改ざん、誤用などのリスク
- 個人が個人情報に対する自身の権利・利益を確保するための手段が明確か
- 外国の受領者と締結したデータ移転関連契約において、データセキュリティ保護の責任と義務が適切に合意されているか

　前述のとおり、重要情報インフラ運営者には管轄部門が積極的に関与します。そのため、管轄部門とのコミュニケーションを密にとることも重要な対応の1つとなります。

2.4 CSLへの対応：等級保護

Q11 等級保護とは何ですか？

A11 CSL第21条で規定されるネットワークセキュリティの保護レベル別認証制度のことです。インシデント発生時の影響度を基準に、ネットワークを1級から5級に分類し、分類ごとに遵守すべき情報セキュリティのベースラインを定めています。ネットワーク運営者は通常2級以上が適用され、重要情報インフラ運営者は3級以上が適用されます。等級が2級の事業者は2年に一度の更新審査を、等級が3級以上の事業者は毎年の更新審査を受審する必要があります。

解説

　等級保護制度は、ネットワーク上の情報セキュリティを確保するための具体的な要件を規定する、CSLの核となる制度です。前述のとおり、CSLはデジタル化する経済において国全体でのネットワーク上の情報セキュリティレベルを底上げするために用意された法律ですが、CSLで求められる等級保護の要件を定めた「GB/T 28448-2019 信息安全技術　网络安全等级保护测评要求」で、規定する対策の実装をネットワーク運営者に義務付けることを通じて、それを実現しています。

　一般に、情報セキュリティではリスクベースでセキュリティ対策を定めます。等級保護制度もネットワークのリスクレベルごとに等級を分け、セキュリティ要件を定めています。「GB/T 28448-2019 网络安全等级保护测评要求」はその等級ごとに最低限必要な対策を規定しています。

　等級は等級保護認証の評価機関と相談しながら当局に自主申請しますが、等級保護認証を取得する過程で公安部から最終的な合意を得る必要があり

ます。通常、ネットワーク運営者には2級以上の等級が適用され、重要情報インフラ運営者の場合は3級以上の等級が適用されます。外資系企業に対してはより厳しい要件が課されることが多く、3級が適用されることも珍しくありません。等級が2級の場合、ネットワーク運営者は2年に一度の更新審査を取得する必要があります。等級が3級の場合は更新審査が毎年必要となります。認証審査での基本要求事項の例を**表2.1**に示します。

カテゴリ		要求事項例
物理	ロケーション	建物の最上階または地下に置かない 防水および防湿対策の強化
	入退室管理	入室者を制御、識別、記録するための電子アクセス制御の整備
	盗難と破壊防止	機械室への監視カメラの配備
	その他の対策	防火/雷/防水/湿気/電力供給/電磁波
ネットワーク	アーキテクト	ビジネスのピーク時の処理に対応可能/適切なアドレス付与
	通信制御	通信中のデータの機密性を担保する実装
	侵入防止	外部からのサイバー攻撃の検出、防止、または制限
	セキュリティ監査	ユーザー単位の通信状況/インシデント管理
サーバー	アカウント認証	定期的なパスワード変更/定期的なセッション終了
	アクセス権	最低限の権限付与
	セキュリティ監査	定期的な監査実施/不正侵入の禁止/ログの保存
	バックアップと回復	バックアップ、回復可能な実装、冗長性の確保
	個人情報保護	事業に必要な情報のみを取得/不正アクセス、不正利用の禁止

表2.1　等級保護の基本要求事項の例

組織がとるべき対応

　情報セキュリティに関する対策は、国や地域にかかわらず世界共通です。「GB/T 28448-2019 網絡安全等級保護測評要求」で規定されている内容も特異なものはありません。すでに適切なセキュリティ対策を社内に展開されている事業者であれば既存の情報セキュリティ体制を大きく変更することなく、等級保護認証を取得可能でしょう。また、等級保護認証取得の過程で不足していた対策があり、水平展開できるものがあれば、グローバルな情報セキュリティ対策に追加するとよいでしょう。

　繰り返しになりますが、等級保護認証取得は等級が2級以上のネットワーク運営者の義務です。外資系企業の場合、多くのケースで2級以上の等級となります。万が一、未取得の場合はすみやかに等級保護認証の取得を行ってください。

Q12 等級はどのように決めるのですか？

A12 等級は評価機関と相談した上で判断・申請し、最終的には公安部が等級を承認します。各等級の定義については「GB/T 22240-2020 信息安全技術網絡安全等級保護定級指南」に示されています。

解説

　等級保護制度の等級は1級から5級に分類されています。等級は、ネットワークのリスクに応じて決定します。ここでいうリスクは、被害を受ける対象と被害の程度をもとに判定されます。被害を受ける対象としては「市民、法人、その他の組織」「社会秩序と公共の利益」「国家安全保障」の3つのスケールが、被害の程度としては「一般的な侵害」「著しい侵害」「特に著しい侵害」の3つのスケールがそれぞれ用意されています（**表2.2**）。

　被害の対象として「社会秩序」という言葉がありますが、この意味する範囲は広く、個人情報の漏洩によって組織外の人に1名でも影響が及ぶ場合には「社会秩序」に影響があると判断されます。

被害を受ける対象	対象に対する被害の程度（評価機関が指定）		
	一般的な侵害	著しい侵害	特に著しい侵害
市民、法人およびその他の組織の正当な権利と利益	1級	2級	3級
社会秩序および公共の利益	2級	3級	4級
国家安全保障	3級	4級	5級

表2.2　等級の判定方法

　各等級の定義は国家規格である「GB/T 22240-2020 信息安全技术网络安全等级保护定级指南」において、次のように示されています（**表2.3**）。

等級	概要
1級	ネットワークが損なわれると、関係する市民、法人、その他の組織の合法的な権利と利益に損害を与えるが、国家安全保障、社会秩序、公共の利益を危険にさらすことのない一般的なネットワーク
2級	ネットワークが損なわれると、関係する市民、法人、その他の組織の正当な権利や利益に重大な損害を与え、または社会秩序や公共の利益を危険にさらすものの、国家安全保障を危険にさらすことのない一般的なネットワーク
3級	ネットワークが損なわれると、関係する市民、法人、その他の団体の正当な権利・利益に特に重大な損害を与え、社会秩序や公共の利益に重大な損害を与え、国家安全保障に損害を与える重要なネットワーク
4級	ネットワークが損なわれると、社会秩序や公共の利益に特に重大な損害を与え、または国家安全保障に重大な損害を与える可能性のある、特に重要なネットワーク
5級	ネットワークが損なわれると、国家安全保障に特に重大なリスクをもたらす可能性のある、極めて重要なネットワーク

表2.3　等級の定義

組織がとるべき対応

　等級保護認証の取得を避けるために自社の等級は1級だと言い張る組織がたまにありますが、等級が1級となるのは問い合わせ機能もユーザートラッキング機能も持たないウェブサイトや、外部ネットワークに接続されないPOSシステム、社内のイントラネット内でのみ稼働する在庫管理システムなど、全く外部ネットワークと接続しない、閉じたネットワーク環境のみを利用しているという場合です。外資系である日系企業が等級1級となることはそれほど多くないと思われます。虚偽の申告は、万が一、違反を指摘された場合に厳格な対応が下されることにつながりかねないため、適正な等級判定を行い、等級保護認証を取得することが推奨されます。

　また、ルール上は等級1級でも管轄の公安部への所定の届け出が必要とされています。

Q13 等級保護認証は第三者機関から取得しなければならないのですか？

A13　等級が2級以上となる場合は、第三者の評価機関による評価を受け、等級保護認証の取得を行わなければなりません。評価機関は規定の等級で要求されるセキュリティ要件に合致していることを等級評価審査で確認し、評価レポートを作成し、申請企業に提出します。申請企業は作成された評価レポートを管轄の公安部に提出します。公安部によるレビューに合格すると、組織は等級保護認証を付与されます。

解説

　等級保護制度では、2級以上の等級については評価機関による評価を受けなければならないとされています。1級の場合は自己評価のみであり、評価機関による評価を受ける必要はありませんが、所定の届け出を管轄の公安部に行う必要があります。

　等級保護制度における評価機関の役割は、公安部からシステム備案番号を受領し、該当する等級のセキュリティ要件に沿って等級評価審査を行う

こと、および評価レポートを発行することです。評価機関は評価レポート
を申請企業に提出し、申請企業は評価機関の作成した評価レポートを用い
て管轄の公安部に提出します。公安部による書類審査を経て合格した場合、
組織は等級保護の認証証明書を受領します。

組織がとるべき対応

　等級保護は原則として、システム単位で申請します。1回の申請で要する
コストは20万元から30万元、日本円で400万円から600万円程度かかると
いわれており、できるだけ複数のネットワークを1システムとしてまとめて
申請する工夫が必要です。また、等級保護認証は評価機関だけでは完結し
ません。等級保護認証の取得は、評価機関が作成した評価レポートを公安
部に提出し、公安部から審査合格の通知と認証証明書を受領して初めて完
了となります。多くの認証と同様、第三者の評価機関とは長期的な関係と
なるため、評価機関とは良好な関係を築いておきたいものです。

　組織と評価機関は二人三脚で等級保護認証取得のプロセスを歩みます。
評価機関は協力的に支援してくれることが多いので、誠実に対応していれ
ば問題が起こることはまずありません。

　等級保護認証を取得する際には、ノウハウ、および評価機関や公安部と
の関係性を備えたコンサルタントを活用することを推奨します。コンサル
ティングフィーは、時間の節約とノウハウの活用という観点から総合的に
見ると安くつくものです。

Q14 等級保護認証取得までの大まかな流れと要する期間を教えてください

A14　まず、申請書類を用意し公安部に対して等級保護認証取得に関す
る申請を提出します。システム備案番号が発行されたら、適用され
る等級に求められるセキュリティ対策を実装します。最終的な等級保護認
証の認証証明書の発行には、評価機関による等級保護評価審査に合格しな
ければなりません。評価機関が発行する評価レポートを受けて、公安部は

書類審査を行います。公安部による書類審査の終了までに必要な期間は最短で4ヶ月、認証証明書の発行までに最短で6ヶ月程度を要します。

解説

等級保護認証の取得までに必要な作業の流れは**図2.1**のとおりです。

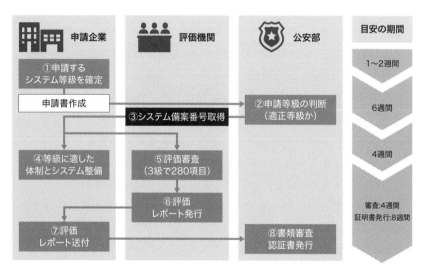

図2.1 等級保護認証の取得プロセス

① 申請企業（申請者）が申請するシステムについて適用される等級を決め、等級保護認証の申請書を作成します。
② 申請企業が提出した申請書をもとに、公安部が等級の妥当性を判断します。公安部が申請企業の主張する等級に合意しない場合もあるため、注意が必要です。
③ 公安部が申請企業の申請書に合意し、適正な等級だと判断された場合、システム備案番号が発行されます。システム備案番号が発行されて初めて認証プロセスが開始されます。
④ システム備案番号が発行されたら、申請企業は等級に適したセキュリティ体制の整備とセキュリティ対策の補強を行います。
⑤ 準備が整うと次は評価機関による審査です。「GBT 28448-2019 网络

安全等級保護測評要求」に照らして適合性の評価を行い、7割以上に適合していれば評価に合格となります。

⑥　評価機関は評価後、評価レポートを作成し、申請企業に送付します。

⑦　申請企業は評価機関の作成した評価レポートを公安部に送付します。

⑧　公安部は申請企業から提出された評価レポートを書類審査し、問題がなければ等級保護認証を認め、認証証明書を発行します。

組織がとるべき対応

　各ステップに必要な期間は組織の状況によって異なりますが、認証証明書の発行までには最短でも6ヶ月はかかります。すべてが円滑に進めば等級保護認証の申請書作成に2週間程度、申請後等級の確定とシステム備案番号の発行までには6週間程度、各等級での要件への適合と評価機関による適合性評価に4週間程度、その後、評価機関による評価レポートの発行から公安部による書類審査の終了までに4週間程度、証明書の受領までには書類審査終了後さらに8週間程度の期間を目安とすればよいでしょう。

　等級保護認証の取得に必要な申請書類はすべてオンライン上に公開されているので、独力で行うこともできます。しかし、認証取得の作業には勘所やコツもあるため、円滑に進めたいのであればコンサルティング会社を利用することも検討したいところです。

2.5 CSLへの対応：越境データ規制

Q15 CSLで定められているデータ越境移転規制はどのようなものですか？

A15 CSLでは重要情報インフラ運営者に対し、原則として中国国内に保存義務のあるデータを（業務の必要上）国外に転送する場合、ネットワーク情報部門によるセキュリティ評価に合格しなければならないとしています。

解説

　CSL第37条は「重要情報インフラ運営者が中国国内における運営を通じて取得、生成した個人情報および重要データは中国国内に保存しなければならない」として、中国国内で取得、生成した個人情報および重要データを中国国内に保存するよう要求しています。その上で、「業務上、国外にデータを提供する確かな必要性がある場合には、国家ネットワーク情報部門が国務院の関連部門と共同して制定するガイドラインに従い、セキュリティ評価を行わなければならない」とし、データを中国国外に提供する必要がある場合にはネットワーク情報部門が実施するセキュリティ評価を行い、これに合格することが求められています。

　CSL施行直前の2017年4月に公布されたガイドライン（意見募集稿）の「个人信息和重要数据出境安全评估办法（征求意见稿）」では、第2条で「ネットワーク運営者が中国国内における運営を通じて取得、生成した個人情報および重要データは、中国国内に保存しなければならない。業務上、国外にデータを提供する確かな必要性がある場合には、本施策に基づいてセキュリティ評価を実施する」と述べられており、重要情報インフラ運営者のみならずすべてのネットワーク運営者に、データの国内保存義務と越境デー

タ移転時のセキュリティ評価要件が課されています。このガイドラインは
JETROが紹介したこともあり、日本ではCSLと併せて参照されることが多
いです。ただし、最近のガイドラインを見ていると、国内保存義務をすべ
てのネットワーク運営者に適用させるのは行き過ぎというスタンスに変わ
りつつあるようです。現時点では、重要情報インフラ運営者のみの義務と
みなしつつ、一定数のデータを処理する場合に国内保存義務を考慮すると
いうのが現実的な対応と思われます。

　安全を期するのであれば、中国国内で取得、生成した個人情報と重要デー
タは、重要情報インフラ運営者でなくとも、中国国内に保存するという対
応をとるとよいでしょう。ネットワーク運営者が重要情報インフラ運営者
と同等の対応をとるのは、「重要情報インフラ以外のネットワーク運営者に
対しても、自発的に重要情報インフラ保護システムに参画することを推奨
する」（CSL第31条）とあることからも、管轄部門からは肯定的に受け止め
られます。

　「网络数据安全管理条例（征求意见稿）」や「数据出境安全评估办法（征
求意见稿）」を見ると、ネットワーク運営者や重要情報インフラ運営者とい
う区別ではなく、データそのものにより焦点を当てた規制に移りつつあり
ます。経済のデジタル化に伴い新興企業が重要データを処理する機会が増
え、重要情報インフラ運営者やネットワーク運営者という産業による規制
よりも、データ単位で規制するほうが規制の目的を達成できることが背景
にあるようです。

　「网络数据安全管理条例（征求意见稿）」では第35条から40条でデータ越
境移転に関する規制を設けています。少し長くなりますが、最新の動向を
理解するためにも重要な部分を紹介しておきます。なお、「网络数据安全管
理条例（征求意见稿）」で使用されている「データ処理を行う者」（数据処
理者）はネットワーク運営者と同じ意味と考えて差し支えありません。

　[网络数据安全管理条例（征求意见稿）越境移転の適法化（第35条）]
　　データ処理を行う者が業務の必要上、中国国外にデータを提供する
　確かな必要性がある場合は、以下のいずれかの条件を満たさなければ

ならない。

- 国家ネットワーク情報部門が主催するデータ越境セキュリティ評価に合格していること
- データ処理を行う者およびデータ受領者の双方が、国家ネットワーク情報部門が認定した専門機関の実施する個人情報保護認証に合格していること
- 国家ネットワーク情報部門が作成した標準契約書の規定に従って、海外のデータ受領者と契約を締結し、両当事者の権利と義務に同意していること
- 法律、行政規則、または国家ネットワーク情報部門が定める、その他の条件

　ただし、これらの条件は当該個人が当事者である契約の締結または履行のために当該個人の個人情報を国外に提供する場合、あるいは個人の生命、健康および財産の保護のために国外での個人情報の提供が必要な場合は除外される。

[網絡数据安全管理条例（征求意見稿）越境移転の通知と単独同意（第36条）]
　データ処理を行う者が、中国国外に個人情報を提供する場合、海外のデータ受領者の名称、その連絡先、処理の目的、処理の方法、個人情報の種類、および個人情報に関する権利を行使する方法を本人に通知しなければならず、かつ本人の単独同意を得なければならない。ただし、個人情報の取得時に、個人情報の輸出について別途当該個人の同意を得ており、同意を得た事項に従って個人情報の輸出を行う場合には、改めて本人の個別の同意を得る必要はない。

[网络数据安全管理条例（征求意见稿）越境セキュリティ評価（第37条）]

　データ処理を行う者が、中国で取得、生成したデータを国外に提供する場合で以下の状況が該当する場合、国家ネットワーク情報部門が主催するデータ越境セキュリティ評価に合格しなければならない。

- 越境データに重要なデータが含まれている場合
- 100万人以上の個人情報を処理する重要情報インフラ運営者およびデータ処理を行う者が、個人情報を国外に提供する場合
- 国家ネットワーク情報部門が規定するその他の状況

　この他、法律、行政規則、および国家ネットワーク情報部門がセキュリティ評価を省略できると規定している場合、その規定を適用する。

[网络数据安全管理条例（征求意见稿）国際協定（第38条）]

　中国が締結している、または中国が加盟している国際条約や国際協定において、中国国外への個人情報の提供などに関する条件が定められている場合には、その規定に従って中国国外への個人情報の提供を実施することができる。

[网络数据安全管理条例（征求意见稿）データを越境移転する者の義務（第39条）]

　中国国外にデータを提供するデータ処理を行う者は、以下の義務を果たさなければならない。

- ネットワーク情報部門に提出された個人情報保護影響評価報告書に明記された目的、範囲、方法およびデータの種類とサイズを超えて、個人情報を国外に提供しないこと
- ネットワーク情報部門のセキュリティ評価で指定された目的、範囲、

方法、データの種類や規模などを超えて、個人情報および重要な
データを国外に提供しないこと
- データ受領者が以下を確実に履行することを監督する、契約などの
  有効な手段を講じること
    - 両者が合意した目的、範囲および方法に従ってデータを使用す
      ること
    - データの安全性を確保するためのデータセキュリティ保護義務
      を果たすこと
    - データ輸出に関するユーザーからの苦情の受付と対応を行うこ
      と
- データ輸出が個人または組織の合法的な権利および利益、または公
  共の利益に損害を与える場合、データ処理を行う者は法律に基づい
  て責任を負うこと
- 関連するログ記録およびデータ輸出の承認記録を 3 年以上保管する
  こと
- 国家ネットワーク情報部門が、国務院の関連部門と共同で、国外に
  提供された個人情報および重要データの種類と範囲を確認した場
  合、データ処理を行う者はそれらを明確かつ読みやすい方法で提示
  すること
- 国家ネットワーク情報部門がデータを輸出してはならないと判断し
  た場合、データ処理を行う者はデータの輸出を中止し、輸出された
  データのセキュリティを改善するための有効な措置を講じること
- 個人情報を越境移転後に再移転する必要が確かにある場合は、事前
  に個人と再移転の条件を合意し、データ受領者が果たすべきセキュ
  リティ保護の義務を明確にすること

　また、中国国内の個人および組織は、中国の主管当局の承認なく、
外国の司法機関または法執行機関に対して中国の国内に保存されてい
るデータを提供してはならない。

[网络数据安全管理条例（征求意见稿）越境移転の報告義務（第40条）]

　個人情報や重要データを国外に提供するデータ処理を行う者は、毎年1月31日までにデータ輸出セキュリティ報告書を作成し、前年の以下のデータ輸出情報を地区の市クラスのネットワーク情報部門に報告しなければならない。

- すべてのデータ受領者の名前と連絡先
- 国外に出るデータの種類、量、目的
- 国外におけるデータの所在地、保管期間、利用範囲および利用方法
- 国外へのデータ提供に関するユーザーからの苦情と対応の状況
- 発生したデータ・セキュリティ・インシデントとその対応状況
- データ越境移転後の再移転に関する状況
- その他、国外でのデータ提供に関する報告が必要なものとして、国家ネットワーク情報部門が指定する事項

　「网络数据安全管理条例（征求意见稿）」第40条で言及される「越境移転の報告義務」については「個人情報や重要データを国外に提供する」すべてのデータ処理を行う者に対しての要件となっているため、かなり厳しいものです。中国国内でも内容が厳しすぎるという声もあり、今後調整が行われることが見込まれます。

　「数据出境安全评估办法（征求意见稿）」にはデータ処理を行う者が実施すべき自己評価、ネットワーク管理部門が実施するセキュリティ評価、越境移転時の契約に含むべき内容について言及されています。こちらも少し長くなりますが、重要な部分を紹介しておきましょう。なお、「数据出境安全评估办法（征求意见稿）」では、重要データの移転が含まれる場合にもセキュリティ評価を要求している点に注意が必要です。

[数据出境安全评估办法（征求意见稿）セキュリティ評価対象者（第4条）]

　データを中国国外に移転するデータ取扱者は、次のいずれかの状況で国外にデータを提供する場合、セキュリティ評価を申請しなければ

ならない。

- 重要情報インフラ運営者が中国国内で取得、生成する個人情報や重要なデータを国外に提供する場合
- 移転するデータに重要データが含まれている場合
- 100万人に達する個人情報を取り扱う個人情報処理を行う者で、中国国外に向けて個人情報を提供する場合
- 外国への個人情報の累計提供数が10万人以上、またはセンシティブな個人情報の累計提供数が1万人以上となる場合
- その他、ネットワーク情報部門が規定する場合

[数据出境安全评估办法（征求意见稿）事前の自己評価（第5条）]
　データ処理を行う者は、中国国外にデータを提供する前に、以下の事項に着目して、データの越境リスクに関する事前の自己評価を行わなければならない。

- データ移転の合法性、正当性および必要性、ならびに海外の受取人によるデータ処理の目的、範囲および方法
- 国外へのデータ移転や外国の受領者の、データ処理の目的、範囲および方法の合法性、妥当性および必要性
- 移転されるデータ量、範囲、種類、およびセンシティブなデータが含まれる度合い、およびデータ移転が国家安全保障、公共の利益、および個人または組織の合法的な権利と利益に及ぼすリスク
- データ移転プロセスにおける情報処理者の管理上および技術上の対策と能力が、データの漏洩や破壊などのリスクを防止できるかどうか
- 中国国外の受領者が負う責任と義務、およびその責任と義務を果たすための組織的措置や技術的措置と能力が、外国に出るデータのセキュリティを保障できるか
- 移転後や再移転後のデータの漏洩、破壊、改ざん、誤用などのリスク

- 個人が個人情報に対する自身の権利・利益を確保するための手段が明確か
- 中国国外の受領者と締結したデータ移転関連契約において、データセキュリティ保護の責任と義務が適切に合意されているか

[数据出境安全评估办法（征求意见稿）ネットワーク情報部門によるセキュリティ評価（第8条）]

　セキュリティ評価は、データ移転活動が国家安全保障、公共の利益、および個人または組織の正当な権利と利益に及ぼす可能性のあるリスクを評価することに焦点を当て、主に以下の内容を評価する。

- データ移転の目的、範囲および方法の合法性、正当性および必要性
- 中国国外の受領者が所在する国・地域のデータセキュリティ保護政策・規制およびネットワークセキュリティ環境が、移転データのセキュリティに与える影響、および中国国外の受領者のデータ保護レベルが中国の法律および行政法規、ならびに必須の国内基準の要件を満たしているか
- 移転データの量、範囲、種類、およびセンシティブなデータが含まれる度合い、移転中および移転後のデータの漏洩、改ざん、紛失、破壊、転送または不正アクセス、不正使用のリスク
- データセキュリティおよび個人情報に対する個人の権利、利益が完全かつ効果的に保護されるか
- データ取扱者と中国国外の受領者との間で締結された契約において、データセキュリティ保護に関する責任と義務が適切に合意されているか
- 中国の法律、行政規則、部門規則を遵守しているか
- その他、ネットワーク情報部門が評価のために必要と考える事項

[数据出境安全评估办法（征求意见稿）データ移転契約（第9条）]

　データ処理を行う者と中国国外の受領者は、データセキュリティ保護の責任および義務について契約を締結し、以下の内容が含まれなければならない。

- データ移転の目的と方法、データの範囲、中国国外の受領者によるデータ処理の目的と方法
- 中国国外でデータを保管する場所、その期間、保管期間に達した後、合意された目的が完了した後、または契約が終了した後に中国国外に移転したデータの取り扱い方法
- 中国国外の受領者が輸出されたデータを他の組織または個人に再譲渡することを制限する拘束条項
- 実質的な支配力や事業範囲に重大な変化が生じた場合や、中国国外の受領者が所在する国や地域の法的環境が変化してデータの安全性を確保することが困難になった場合に、中国国外の受領者が講ずるべきセキュリティ対策
- データセキュリティ保護義務の違反に対する責任および拘束力と執行力のある紛争解決条項
- 情報漏洩などのリスクが発生した場合の適切な緊急対応、および個人が個人情報の権利、利益を守るための円滑なルートの保護

　PIPLでも個人情報の越境移転で標準契約の締結が要求されていますが、標準契約がネットワーク情報部門から提示されていない現時点では「数据出境安全评估办法（征求意见稿）」で示された内容を含んだ契約を締結するとよいでしょう。

組織がとるべき対応

　近年、中国のみならず、世界各国でデータの越境移転規制が強化されています。経済のデジタル化に伴い、データが重要な資産となっていることの反映です。

データを中国国外に持ち出す際には十分注意をして持ち出すようにしなければなりません。ネットワーク運営者であっても「数据出境安全评估办法（征求意见稿）」で示されたとおり、重要データを中国国外に越境移転する場合にはセキュリティ評価が必要となりつつあります。CSLでの規制をベースとしながら、引き続き規制動向を注視しておいてください。

Q16 違法状態をそのままにしていると中国からのデータ転送が遮断されることもあると聞きましたが、本当ですか？

A16 本当です。実際、公安部の承認を得ていないVPNでデータ転送が遮断された事例も生じています。コンプライアンス上、違法状態を放置すべきではないことは当然の話ですが、中国においては様子見でいることにリスクが伴うことを認識しておく必要があります。

解説

残念ながら、コンプライアンス対応を積極的に推進する組織は多くありません。コンプライアンス対応は多くの組織で「コスト」とみなされ、反発が生じることも多くありますし、ひどい場合には無視されてしまうことさえあります。

国外から中国市場でビジネスを展開している場合、中国でのデータ関連法規制への違反状態をそのままにしているとネットワーク通信の遮断という強力な対応が行われることがあります。極端な事例では、越境ECを行っている日本企業で中国からの注文が完全に遮断されたというケースもあります。通信の遮断は、ビジネス上死活問題につながりかねません。コンプライアンス対応は確実に行うようにしてください。

組織がとるべき対応

法規制は遵守するのが当然ですし、未確定要素が多い場合は当該分野のベストプラクティスを自主的に実装し、可能な対応をあらかじめ備えてお

くというのが望ましい対応です。

　コンプライアンス対応をビジネスのブレーキとみなして避ける人たちは、ブレーキの本当の役割を理解していません。車は、ブレーキがなければ壁に衝突してしまいます。最悪の場合、運転している人は命を落としてしまうでしょう。車はスピードを落とすという機能があるからこそ、より長時間、より遠くまで移動できるようになりました。コンプライアンス対応も同じです。コンプライアンス上の制約は、確かに組織が達成したいことの制限につながる側面があるかもしれません。しかし、それによって組織活動の可能性が結果的に広がります。コンプライアンス対応は、ビジネスを推進するための欠かせない要素であることを覚えておいてください。

　付言すると、ブレーキは時に市場の差別化要素となることもあります。ポルシェは高いブレーキ性能を強みとしています。データセキュリティやデータプライバシーへの取り組みもまた、競合他社に対する差別化要素となることもあります。米国のAppleやMicrosoftがプライバシー重視を打ち出しているのは、プライバシーを重視することが市場から歓迎されるからです。デジタル化していく社会においては、データセキュリティやデータプライバシーへのコンプライアンス対応を積極的に行うことは、市場から肯定的に受け止められます。

Q17 データ越境移転を適法に行うためにはどのような対策を行えばよいですか？

A17　一般的な事業者の場合、データ移転先とデータ処理に関する契約を締結することが推奨されます。将来的にネットワーク情報部門から契約のガイドラインが公布されることが見込まれますが、現時点では「数据出境安全评估办法（征求意见稿）」（Q15参照）で言及されている内容を網羅した契約としておくとよいでしょう。

解説

　データ越境移転については、まだ適法化要件が定められていません。現時点でデータ越境移転の適法化に関して最も多く情報を提供してくれるのは「网络数据安全管理条例（征求意见稿）」と「数据出境安全评估办法（征求意见稿）」の2つの意見募集稿です。どちらも今後変更される可能性がありますが、公安部の検討している方向性を推測する上で役に立ちます。

　「网络数据安全管理条例（征求意见稿）」第35条では、適法なデータ越境移転の条件として、データ越境セキュリティ評価に合格していること、データ輸出者とデータ輸入者双方が中国の実施する個人情報保護認証に合格していること、中国が作成した標準契約書の規定に従って標準契約を締結していることが挙げられています。また、当該個人が当事者である契約の締結または履行のために当該個人の個人情報を国外に提供する場合、あるいは個人の生命、健康および財産の保護のため、国外での個人情報の提供が必要な場合はこれらの条件にかかわらずデータの越境移転が可能としています。

　「数据出境安全评估办法（征求意见稿）」第9条では、データ取引の両当事者間で締結するデータ処理契約について、次の内容を含んだ契約とすることが提案されています。

- データ移転の目的と方法、データの範囲、中国国外の受領者によるデータ処理の目的と方法
- 中国国外でデータを保管する場所、その期間、保管期間に達した後、合意された目的が完了した後、または契約が終了した後に中国国外に移転したデータの取り扱い方法
- 中国国外の受領者が、輸出されたデータを他の組織または個人に再譲渡することを制限する拘束条項
- 実質的な支配力や事業範囲に重大な変化が生じた場合、中国国外の受領者が所在する国や地域の法的環境が変化してデータの安全性を確保することが困難になった場合に、中国国外の受領者が講ずるべきセキュリティ対策

- データセキュリティ保護義務の違反に対する責任および拘束力と執行力のある紛争解決条項
- 情報漏洩などのリスクが発生した場合の適切な緊急対応、および個人が個人情報の権利、利益を守るための円滑なルートの保護

　現時点では、上記内容を踏まえた適法化措置をとることが望ましいと言えるでしょう。

組織がとるべき対応

　事業者にとって最も一般的に利用しやすいデータの越境移転の適法化措置は、データ処理契約の締結です。すでにGDPR対応で個人情報処理に関する契約のひな形を持っている企業も多いと思いますが、ネットワーク情報部門から標準契約が出るまでの間は、その内容に中国データ関連法で要求される内容を含めた中国用のひな形を用意しておくというのが、組織のなすべき対応です[11]。標準契約が公表されたら、すぐに既存の契約に追加できるように準備を進めておくことが重要となります。

Q18 中国でデータの国内保存を行わなければならないのはどのような場合でしょうか？

A18　重要情報インフラ運営者が中国国内における運営を通じて取得、生成した個人情報および重要データは確実に中国国内保存が必要となります。その他ネットワーク運営者であっても重要データについては国内

---

[11] 欧州からのデータ越境移転には、移転影響評価（Transfer Impact Assessment, TIA）が必要となりました。2021年11月にEDPB（European Data Protection Board；欧州データ保護会議）から出たリーガルスタディ文書では、中国への移転はEUと同等の保護水準を保つことが困難とされており、欧州から中国へのデータ移転に対しては移転契約の他、追加的セキュリティ対策を実施する必要があるとされています（ただし、このリーガルスタディ文書には、「内容は執筆者の見解でEDPBの公式見解ではない」というコメントがされています）。この例が示すように、現在は移転に関する契約さえ締結しておけばよいという状況ではなくなっていることも覚えておいてください。
https://edpb.europa.eu/our-work-tools/our-documents/legal-study-external-provider/legal-study-government-access-data-third_en

保存を行うことが望ましいでしょう。

解説

　CSL でデータの国内保存義務が規制されるのはCSL第37条が適用される場合です。すなわち、「重要情報インフラ運営者が中国国内における運営を通じて取得、生成した個人情報および重要データ」については国内保存が義務付けられます。ただし、CSL第31条では「国は、重要情報インフラ以外のネットワーク運営者に対しても、自発的に重要情報インフラ保護システムに参画することを推奨する」としているため、ネットワーク運営者であっても同様の対応をとることは推奨されます。

　「网络数据安全管理条例（征求意见稿）」と「数据出境安全评估办法（征求意见稿）」の2つの意見募集稿を見ていると、重要情報インフラ運営者に限らず、重要データを越境移転する場合や処理するデータ量が多い場合にも、データの国内保存を要求するという方針に変化しつつあるのが見てとれます。

　これらの点を考慮すると、より安全に対策を行いたい場合は、中国国内での活動に関連して取得、生成したデータはすべて中国国内に保管するという方針をとることも一案です。

組織がとるべき対応

　中国におけるデータの国内保存要求は、現在のところ重要情報インフラ運営者に限定されています。ただ、ネットワーク運営者が重要情報インフラ運営者と同等の運用を行うことが推奨されていることや近年のガイドラインの傾向から、重要情報インフラ運営者に該当しない場合であってもデータの国内保存は検討する必要はありそうです。

　これに関連して一般事業者に影響がありそうなケースとしては、中国国内にデータセンターを持たないSaaSサービスを利用している場合でしょう。この場合は、データを中国に所在するサーバーに同期させながら抽出保存する、などの対応を検討する必要が生じます。

　余談ですが、個人情報の分野では現在、世界各国で国内にデータ保存を

要求する動きが広まりつつあります。デジタル経済の拡張期の一時的な現象とも考えられますが、当面は中国に限らず、データの現地保存要求を念頭に事業設計をしたほうが無難かもしれません。

2.6 CSLのペナルティ

Q19 CSLで定められているペナルティの種類について教えてください

A19 等級保護制度で定められたセキュリティ要件の遵守違反に対するペナルティ、悪意のあるプログラムやセキュリティホールの是正を行わないことに対するペナルティ、実名登録を行わないことに対するペナルティ、重要情報インフラ運営者がデータの国内保存要件に違反した場合のペナルティなど、広範に規定されています。

解説

　ここでは事業者に最も関係があるペナルティのみを紹介します。ただし、個人情報保護に関するペナルティは「第5章 中国個人情報保護法」を参照してください。

　まず、等級保護制度で求められるセキュリティ要件の遵守違反ですが、これはCSL第59条に定められています。ネットワーク運営者が等級保護制度に従ってセキュリティ対策を履行しなかった場合、およびインシデント対応計画の整備とインシデント発生時の報告義務を怠った場合には、是正命令と警告が出されます。是正命令を拒否した場合や、ネットワークセキュリティに危害をもたらすなどの悪影響をもたらした場合には、組織に対しては1万元以上10万元以下の罰金が、直接の責任者には5千元以上5万元以下の罰金が科されます。

　重要情報インフラ運営者が持続性を担保せずに事業を行った場合、追加のセキュリティ対策の実施を怠った場合、ネットワーク製品やネットワークサービスの利用時に秘密保持契約を締結しなかった場合、年次リスク評

価とその報告を管轄部門に報告しなかった場合には、是正命令と警告が出されます。是正命令を拒否した場合、あるいはネットワークセキュリティに危害を及ぼすなどの悪影響をもたらした場合、組織には10万元以上100万元以下の罰金が、直接の責任者には1万元以上10万元以下の罰金が科されます。

製品・サービスの保守違反に対するペナルティはCSL第60条に定められています。ネットワーク製品およびネットワークサービスが、次に挙げる項目のうち1つ以上の行為を行った場合、是正命令と警告が出されます。

(1) 悪意のあるプログラムを設置した場合
(2) 製品やサービスのセキュリティ上の欠陥やセキュリティホールなどのリスクに対して直ちに是正措置を講じない、あるいは規定に従って遅滞なくユーザーに通知し、関係主管部門に報告することを怠った場合
(3) 製品またはサービスについてのセキュリティの保守の提供を無断で終了した場合

是正を拒否した場合、あるいはネットワークセキュリティに危害をもたらした場合、組織には5万元以上50万元以下の罰金が、直接の責任者に1万元以上10万元以下の罰金が科されます。

重要情報インフラ運営者がデータの国内保存要件に違反した場合のペナルティはCSL第66条です。重要情報インフラ運営者がネットワークデータを国外に保存した場合、あるいはネットワークデータを国外に提供した場合、是正命令と警告が出されます。また、組織の違法所得は没収され、5万元以上50万元以下の罰金が科されます。さらに、関連業務の停止、操業停止、ウェブサイトの閉鎖、関連業務ライセンスの取り消し、事業ライセンスの取り消しを命じられる可能性もあります。また、直接の責任者および直接の責任を負う担当者には1万元以上10万元以下の罰金が科されます。

組織がとるべき対応

　中国の法規制は罰金も高額ですが、それ以外に関連業務の停止、操業停止、ウェブサイトの閉鎖、関連業務ライセンスの取り消し、事業ライセンスの取り消しを命じられる可能性がある点にも注意が必要です。また、責任者および担当者に対しても罰金刑が科される可能性があるため、サイバーセキュリティ保険などを活用してスタッフの保護を図る必要もあるでしょう。

第 3 章

中国暗号法

3.1 オーバービュー

　中国暗号法（以下、暗号法）は、中国国内で利用する暗号の使用、管理・運用、法的責任を定めた法律です。暗号を核心暗号、普通暗号、商用暗号の3つに大きく分類し、それぞれについて法的な管理要件を定めています。核心暗号と普通暗号は国の秘密情報を保護するために使用される暗号です。ビジネスで利用する暗号は商用暗号と呼びます。多くの組織にとって注意すべきは商用暗号でしょう。

　商用暗号には、「商用暗号技術を開発する企業の国家規格への対応」（暗号法第24条）、「CSL関連規定の適用」（暗号法第26条）、「ネットワークセキュリティ機器の商用暗号サービス認証取得義務」（暗号法第26条）、「商用暗号の輸入許可、輸出管理」（暗号法第28条）といった要件が定められています。

　暗号法はソースコードなどを政府が把握することを目的にしたものと誤解されることがありますが、暗号法第31条では「暗号管理部門および関連部門とその職員は、商用暗号実務者や商用暗号の試験・認証機関に対して、ソースコードなど暗号関連の専有情報を開示するよう求めてはならず、職務遂行の過程で知り得た商業上の秘密や個人のプライバシーを厳守し、漏洩や不法な他者への提供を行うことを禁止する」と規定されています。

　事業者へのペナルティは、違法所得がある場合は違法所得の最大3倍の罰金、または10万元以上30万元以下の罰金が定められている他、事業に関するライセンス取り消し処分も規定されています（暗号法第35条）。

3.2 暗号法の全体像

暗号法の構成と内容

暗号法は全5章44条からなる法律です。構成は次のとおりです。

第1章　総則
第2章　核心暗号、普通暗号
第3章　商用暗号
第4章　法的責任
第5章　附則

　第1章では総則として、暗号法全体に関係する重要な内容が定められています。暗号の定義は「特定の変換方法を用いて情報などを暗号化によって保護し、セキュリティ認証を行うための技術、製品およびサービス」（暗号法第2条）としています。この章では、暗号を「核心暗号」「普通暗号」「商用暗号」と3つの種類に分類することも定めています（暗号法第6条）。核心暗号は「最高機密情報」を保護し、普通暗号は「機密情報」を保護するために利用されます（暗号法第7条）。一方、商法暗号は「国家機密ではない情報」を保護するために利用されます（暗号法第8条）。

　第2章では、国家機密に利用される核心暗号と普通暗号の運用や認証システムについての規定がされています。日系企業では、中国の国家機密に利用される製品を提供している場合を除いては直接関係してこないでしょう。

　第3章では、国家機密以外で利用される商用暗号について規定しています。商用暗号についても認証が推奨されてはいますが、国家安全保障、国民生活、および社会の公共利益にかかわる場合を除いては義務にはなって

いません[1]（暗号法第26条）。暗号法第28条では、国家安全保障および社会公共の利益にかかわる暗号保護機能を有する商用暗号の輸入を許可し、国家安全保障、社会公共の利益または中国の国際的義務にかかわる商用暗号の輸出管理を実施するとしており、一部の暗号についての輸出入管理が行われることが明示されていますが、それ以外の商用暗号については輸出管理を実施しない旨が明記されています。したがって、暗号製品や暗号サービスを扱っていない限り、一般的な日系企業に対して暗号法の影響は限定的と判断できます。

　第4章ではペナルティについて規定しています。暗号法では事業者へのペナルティは違法所得がある場合は違法所得の最大3倍の罰金、または10万元以上30万元以下の罰金を定めている他、事業に関する資格取り消し処分も規定しています（暗号法第34条）。

暗号法対応のポイント

　暗号法は冒頭で紹介したとおり、貿易管理に関係します。暗号製品の輸出規制は各国で行われており、珍しいことではありません[2]。「量産型製品で使用される商用暗号に対しては、輸入許可制度や輸出管理制度を行わない」（暗号法第28条）という規定もあることから、要件のレベル感としては米国のEAR（Export Administration Regulations、輸出管理規則）と同等という印象です。事業者が貿易管理の面で気を付けるべきケースがあるとすれば、製品ソフトウェアに暗号を組み込んでいる場合です。この場合は、中国政府が公表している輸出入の許可リストを参照して必要な対応をとることになります[3]。

---

[1] ただし、「商用密码管理条例（修订草案征求意见稿）」では、試験・認証取得を受審したものを推奨しているため、商用暗号も認証済みのものが普及する見込みです。

[2] たとえば、日本の外国為替および外国貿易管理法（外為法）や米国で施行されているEARなど。

[3]《商用密码进口许可清单》和《商用密码出口管制清单》
http://www.mofcom.gov.cn/article/zwgk/zcfb/202012/20201203019733.shtml
このリストについてはCISTECが日本語訳を公開しています。
https://www.cistec.or.jp/service/china_law/20201203.pdf

　暗号化の方法は技術標準で定められます。技術的要件については商用暗号の国家標準と業界標準が整備されますので（暗号法第22条）、組織は関係する標準を参照して暗号を採用することとなります。

　暗号法は「商用暗号の国際標準化活動への参加を促進し、商用暗号の国際標準の策定に参加し、商用暗号の中国の標準の外国の標準への転換および適用を促進する」（暗号法第23条）と述べ、国際標準との整合性を推進することを明確に規定しています。したがって、日本の組織はISOなどの国際標準をベースに体制整備を行っておけば、中国の暗号法であってもグローバル体制の整備の一環として対応を進めることができます。

　暗号に関する法規制や技術標準の最新の動向を確認するには、国務院暗号管理局[4]（国家密码管理局）のページを確認するとよいでしょう。

暗号法の関連法規

　暗号法に関連する条例には、「商用密码管理条例（修订草案征求意见稿）」（商用暗号管理条例（改訂草案））[5]があります。この条例は1999年に公布・施行されました。商用暗号管理条例は暗号製品に対して厳格な許可制を設けており、施行後、諸外国から反発を受けたことで有名です。中国政府は施行翌年に、いわゆる2000年レターと呼ばれるものを出し、「暗号処理を中核機能とする場合のみが規制対象である」と明確化を行っています。

　商用暗号管理条例は、現在、暗号法成立に伴い改訂作業が進められています。まだ草案段階ですが、内容としては暗号法で規定されている要件をより具体化したものとなっており、主に暗号の認証や輸出管理、暗号利用の促進について規定をしています。

　暗号法成立前には、2005年に施行された「商用密码产品销售管理规定」（商用暗号製品販売管理規定）、2007年に施行された「商用密码产品使用管理规定」（商用暗号製品使用管理規定）、2007年に施行された「境外组织和个人在华使用密码产品管理办法」（外国の組織や個人が中国で暗号製品を使用す

---

[4] https://www.oscca.gov.cn/

[5] https://www.oscca.gov.cn/sca/hdjl/2020-08/20/content_1060779.shtml

る際の管理措置について）などが運用されていました。これらは暗号法成立に先立ち2017年12月に廃止されています[6]。暗号製品を外国から持ち込む際に届け出を義務付けるなど国家統制の色が強い内容となっていたため、暗号法の立法過程で軌道修正された模様です。

　暗号に関する技術標準は、数多くあります。最近出たGB規格のうち重要なものを**表3.1**にまとめておきましたので参照してください。

名称
GB/T 38625 – 2020 信息安全技术　密码模块安全检测要求 （情報セキュリティ技術 暗号モジュールセキュリティ試験要求事項）
GB/T 38629 – 2020 信息安全技术　签名验签服务器技术规范 （情報セキュリティ技術 署名検証サーバーの技術仕様）
GB/T 38635 – 2020 信息安全技术　SM9标识密码算法 （情報セキュリティ技術 ID ベースの暗号アルゴリズム SM9）
GB/T 38636 – 2020 信息安全技术　传输层密码协议（TLCP） （情報セキュリティ技術 トランスポートレイヤー暗号プロトコル (TLCP)）
GB/T 38647 – 2020 信息技术　安全技术　匿名数字签名 （情報技術セキュリティ技術匿名デジタル署名）

表3.1　暗号に関する最近のGB規格の例

　中国の暗号に関する規格は、国際標準であるISOと調和して運用されています。実際、2021年10月に中国が発案したSM9鍵交換プロトコルが「ISO/IEC 11770-3；2021」として組み込まれたことからも、この動きは確認できます。

　データが容易に越境移動することを考えれば、技術要件の国際標準化は自然な流れです。たとえ現時点で国際標準に合致していない技術標準があったとしても、その技術標準がグローバルビジネスを行う上で欠かせないものであるなら、長期的には国際標準に合致していくことになるでしょう。

---

[6] 国家密码管理局公告第32号—关于废止和修改部分管理规定的决定

したがって、グローバルに事業を展開している企業は、ISOなどの国際標準をフォローしておけばよいといえます。

　次節からはQ&A形式で中国暗号法のポイントを見ていきましょう。

3.3 暗号法の理解

Q1 暗号にはいくつか種類があるようですが、どのように分類されていますか?

A1 暗号法では、暗号を核心暗号、普通暗号、商用暗号に分類しています。国家機密情報を保護するためには核心暗号と普通暗号を使用し、国家機密ではない情報を保護するためには商用暗号を使用します。

解説

暗号法では暗号を、核心暗号、普通暗号、商用暗号の3つに分類しています。このうち核心暗号と普通暗号は国家機密情報を保護するためのものであり、商用暗号は国家機密情報ではない情報を保護するための暗号を指します(暗号法第6条、7条、8条)。

核心暗号は、「最高機密」情報を含む情報を保護し、普通暗号は「機密」情報を含む情報を保護します。また、核心暗号や普通暗号そのものも国家機密として扱われ、暗号管理部門(国務院暗号管理局)が管理します。核心暗号、普通暗号、商用暗号の違いは**表3.2**を参照してください。

	保護対象	保護レベル	管理者
核心暗号	国の機密情報	極秘	政府暗号部門
普通暗号		機密	
商用暗号	国の機密情報ではない情報	-	公民、法人、その他組織

表3.2 核心暗号、普通暗号、商用暗号

　核心暗号、普通暗号については暗号法第2章で、商用暗号については暗号法第3章でその利用と運用について規定がされています。重要情報インフラで商用暗号を利用する際には「目録」に掲載された商用暗号製品を利用しなければならず、第三者による試験、認証を受け、合格した製品のみを利用しなければなりません（暗号法第26条）。

組織がとるべき対応

　多くの企業は商用暗号を扱うこととなります。商用暗号については暗号法第3章で規制がされていますが、商用暗号を利用する企業に対する規制は、社会的に重要な設備の運用で商用暗号を利用する場合だけです。商用暗号で企業に最も影響があるのは貿易規制です。輸入規制、輸出規制の対象となる製品についてはリスト化されている（暗号法第28条）ので、最新のリストを確認するようにしてください。

Q2 暗号法は暗号アルゴリズムの開示を要求するなど、外国企業に対して国家統制の支配を強いるような法律となっているのでしょうか？

A2 中国暗号法や「商用密码管理条例（修订草案征求意见稿）」を読む限り、中国は外国企業の暗号アルゴリズムを開示させること、一般的な商用暗号に対して許可制度を導入することは予定していないようです。

解説

　暗号法の条文には暗号アルゴリズムを開示させる規制は見当たりません。暗号法第21条には「各レベルの人民政府とその関連部門は無差別の原則に従い、外商投資企業を含む商用暗号の研究、生産、販売、サービス、輸出入ユニットを法律に基づいて平等に扱わなければならない」として、さらに「行政機関およびその職員は、行政上の手段を用いて商用暗号技術の移転を強制してはならない」と規定され、不条理な技術移転の強要を禁止し

ています（暗号法第21条）。また、暗号法第31条では、「暗号管理部門および関連部門とその職員は、商用暗号実務者や商用暗号の試験・評価機関に対してソースコードなど暗号関連の専有情報を開示するように求めてはならず、職務遂行の過程で知り得た商業上の秘密や個人のプライバシーを厳守し、漏洩や不法な他者への提供を行うことを禁止する」（暗号法第31条）とし、ソースコードなど暗号関連の専有情報の開示強要を禁止しています。これらの条文からは、少なくとも暗号情報の開示を外国企業に強要する意図は読み取れません。

　1999年に出た「商用暗号管理条例」では外国企業を中国の厳しい統制下に置こうという意図が表面に出ていたため、大きな警戒を呼びました。その後20年余を経て、法律の条文上では露骨に警戒心を起こさせるような文言は少しずつ減っているような印象があります。

組織がとるべき対応

　法律を見る限り、暗号技術や企業秘密を当局から強制的に開示するように要求される心配はないと言ってよさそうです。その一方で、中国では外国企業に対して厳しい目が向けられる場合があることを認識しておく必要があります。当局から指摘を受けるようなきわどい行為を行わないように注意しておくことと、管轄の当局と十分なコミュニケーションをとっておくことが推奨されます。

Q3 中国で暗号法に抵触しないためには、暗号機能のないパソコンやソフトウェアしか利用してはいけないのでしょうか？

A3 暗号が貿易管理の対象となることはありますが、これは国家安全保障や社会公共の利益にかかわる暗号のみに限定され、量産型製品で使用される商用暗号については規制の対象から除外されています。したがって、利用しようとしているパソコンやソフトウェアが量産型製品であ

る場合は、暗号機能があっても暗号法や輸出管理法に基づく輸入許可や輸出管理の対象とはなりません。

解説

中国では暗号機能のある製品を利用してはならないのか、と聞かれることがありますが、そのようなことはありません。暗号法第28条では「量産型製品で使用される商用暗号に対しては、輸入許可制度や輸出管理制度を行わない」とされ、量産型製品で使用される商用暗号については、規制の対象から除外されています。この考え方は米国の輸出規制であるEARと変わりません[7]。

組織がとるべき対応

事業者は、量産品を利用している限りは暗号法や輸出管理法に気を付ける必要はありません。一方で、独自の暗号技術や高度な暗号技術を利用している場合は注意が必要です。中国に暗号化技術を利用した製品を持ち込む場合や、中国で生産した製品を世界市場に販売する場合は、商務部[8]が出している《商用密码进口许可清单》および《商用密码出口管制清单》を確認し、規制に抵触していないことを判断してください。規制に抵触している場合は商務部に対して商用暗号輸出入許可の手続きをとる必要があるため、所要の手続きを忘れずに行ってください。

---

[7] https://www.bis.doc.gov/index.php/policy-guidance/encryption/1-encryption-items-not-subject-to-the-ear

[8] 中华人民共和国商务部は中華人民共和国国務院に属する行政部門で、主に経済と貿易を管轄します。http://www.mofcom.gov.cn/

Q4 商用暗号の試験や認証を受けなければならないのはどのような場合でしょうか?

A4 国家安全保障、国民生活、および社会の公共の利益にかかわる商用暗号製品は商用暗号の試験、評価機関による認証を受けなければなりません。この試験、認証はCSLで取得する認証を活用できます。

解説

暗号法では商用暗号に試験や認証を義務付けていませんが、保護する対象がリスクの高いものとなる場合は試験と認証を受けることを要求しています。国家安全保障、国民生活、および社会の公共利益に関係する場合、暗号の不備により問題が発生すると影響が大きいため、試験と認証が求められます(暗号法第26条)。また、重要情報インフラは商用暗号を用いて保護することが義務付けられますが、この場合も商用暗号に対するセキュリティ評価を実施するよう求められます(暗号法第27条)。ここでいう試験、認証、そしてセキュリティ評価はCSLに準拠するため、等級保護認証を取得する際に実施するものを利用できます。

組織がとるべき対応

中国国内でネットワーク製品を提供する場合にはCSLへの対応が義務付けられます。したがって、事業者は必然的に等級保護認証を取得することとなります。この認証過程の中で暗号に試験、認証、セキュリティ評価を実施すれば、重複した作業を避けることができます。コンプライアンス対応は、通常、関連する法規制をできるだけまとめて効率的に進めていきます。

Q5 暗号法のペナルティについて教えてください

A5 暗号やパスワードで保護された情報を盗用した場合や国家安全保障、社会の公共の利益、他者の合法的な権利・利益を侵害した場合は、CSLなどの関連法規に基づいて処分されます。商用暗号製品で、試験、認証について偽りの行為を行った場合は、最大で違法所得の3倍以下の罰金（違法所得が10万元に満たない場合は最大10万元の罰金）が科されます。また、輸入許可または輸出管理に違反した場合は商務部または税関によって処罰されます。

解説

商用暗号についてのペナルティは、暗号法第32条、36条、38条にあります。第32条はハッキング行為に関するペナルティです。処分はCSLや関連法、行政法規に基づいて行われます。第36条は試験、認証を偽った場合のペナルティです。この場合は、暗号管理部門と市場監督管理部門が共同で執行措置を発動します。処分内容としては、違法所得の1倍以上3倍以下の罰金、または違法所得がない場合や違法所得が10万元に満たない場合には3万元以上10万元以下と規定されています。第38条は輸入許可および輸出規制への違反に関する処分です。輸出入は商務部と税関の管轄なので、これらの部門が執行措置を発動します。

事業者としては特殊ですが、試験・評価機関が虚偽の試験、認証を実施した場合には、違法所得が30万元以上ある場合は違法所得の1倍以上3倍以下の罰金、違法所得がない場合や違法所得が30万元に満たない場合には10万元以上30万元以下の罰金が科されることになっています。

組織がとるべき対応

中国法は、直接の責任者とその他直接責任を負う職員に対する罰金も設定される点が特徴的です。事業者は、サイバーセキュリティ保険などを活用してスタッフの保護も図る必要があるでしょう。

第 **4** 章

中国データセキュリティ法
（DSL）

4.1 オーバービュー

　中国データセキュリティ法（以下、DSL）は中国国内で行われるデータ
処理活動、そしてそのセキュリティ規則に適用される法律（DSL第2条）で
す。CSLは非個人情報については電子データのみを規制対象としていまし
た。一方で、DSLでは「電子的またはその他の手段による情報の記録」（DSL
第3条）とし、非電子データも規制対象としています。

　法律でデータセキュリティを規制する理由は、セキュリティ対策がデジ
タル化する社会の基礎となるからです。国家安全保障もデジタル経済の発
展も、データセキュリティが確保されて初めて成立します。中国がDSLの
先に見ているのは「デジタル経済の発展を促進」（DSL第7条）することで
あり、非常に重要な法律といえます。実際、DSLの第2章では「データセキュ
リティと発展」と銘打ってデータセキュリティをどのようにデジタル経済
の促進に組み込むかの枠組みを示しています。国家戦略として着々とデジ
タル経済を推進する中国の戦略的アプローチが見て取れます。

　DSLではデータセキュリティを「必要な措置を講じることでデータが効
果的に保護され、かつ合法的に利用される状態を確保し、継続的に安全な
状態を保障する能力」（DSL第3条）と定義しています。組織にはその実現
のために必要な体制を整備すること（セキュリティ・ガバナンス・システ
ムの確立）、そしてリスクに応じた効果ある施策を実装することが求められ
ます。

　データセキュリティ対策としては、データを分類しリスクに応じたセキュ
リティ対策を実施すること、インシデント対応計画を用意して不慮の事故
に備えること、ガバナンス体制の整備・運用といったことが求められてい
ます。これらの要件はCSLで取得を義務付けられている等級保護でも定め
られており、等級保護認定の取得で概ね要件を満たすことができます。

4.2 DSLの全体像

DSLの構成と内容

　DSLは全7章55条からなる法律です。あまり具体的な規定はありません
が、データ処理活動のセキュリティについての一定の要件を定めています。
DSL全体の構成は次のとおりです。

第1章　総則
第2章　データセキュリティと発展
第3章　データセキュリティ制度
第4章　データセキュリティ保護の義務
第5章　政府データのセキュリティと開放
第6章　法的責任
第7章　附則

　第1章は総則としてDSL全般に関係する内容です。具体的にはDSLの適
用範囲、DSLが対象とするデータの種類、データセキュリティの定義、
DSLの目的、国としての監督体制や方針といったことを定めています。
　第2章ではDSLを通じてデジタル経済を育成・発展する方針を明示的に
示し、DSLを通じてデジタル経済を後押しする国の姿勢を表明しています。
換言すれば、DSLを軸として国のセキュリティ対策とデジタル経済の推進
が行われるということが掲げられているため、DSLが非常に重要な法律で
あることが読み取れます。
　第3章では、国家としてのデータセキュリティ水準を維持するための方策
として、データの分類やセキュリティ認証システムの整備を行うことを示

しています。リスクベースでのセキュリティ対策を推進することと、インシデント時の緊急対応メカニズムの整備がその軸となっています。

第4章が規定するのはデータセキュリティ保護の義務です。ガバナンス体制の整備と教育訓練、リスク監視とインシデント時の報告義務、リスク評価の実施義務、合法的かつ正当なデータ取得義務といった一般的なセキュリティ対策上必要となる要求事項に加えて、データブローカーに対する規制や、国内外の政府からのアクセス要求への対応についての規定も含まれています。

第5章は電子政府推進に関する各種規定です。一般の日系企業が関係することはあまりないでしょう。

第6章では法的責任について規定しています。一般的な情報セキュリティ対策への不備に対しては最大200万元の罰金、核心データといわれる国家の主権や治安などに影響を及ぼしかねないデータ保護に関する義務違反や重要データの越境移転要件違反に対しては最大1,000万元の罰金が科されるなど、厳しい内容となっています。

第7章では国家機密や軍事データについて規定をしています。

▌DSL対応のポイント

DSL第21条ではリスクの大きさに応じてセキュリティ要件が変わることを明記しています。事業者の実装するセキュリティ対策も、リスクベースでのアプローチを採用しておくべきでしょう。ただ、DSLが求めるセキュリティ対策は等級保護制度に準拠することで実現されます。そのため、企業は等級保護認証の取得を行うことでDSL対応が可能です。

等級保護のセキュリティ要件は「GB/T 28448-2019 情報安全技術網絡安全等級保護測評要求」で規定されていますが、法律上にもいくつかセキュリティ義務が記載されています。

DSL第27条では、情報セキュリティのマネジメントシステムの構築、教育や訓練の実施、およびセキュリティ管理策の実装を要求しています。特に重要データを処理している場合に関しては、データセキュリティ訓練計

画の策定、一定時間以上の教育・訓練を要求しています。また、DSL29条
ではデータセキュリティ上の事故が発生した場合の措置を定めています。
通常は情報セキュリティのマネジメントシステムに含まれるべき内容です
が、企業は定期的なセキュリティレビューやインシデント対応計画の整備
を行う必要があることを覚えておいてください。この要件は、重要データ
の処理を行っている場合、より厳格に運用されます。

　DSL第30条によると、「重要データの処理を行う者は、そのデータ処理活
動のリスク評価を定期的に実施し、リスク評価報告書を関連する管轄部門
に提出」する必要があり、管轄部門の関与がより強くなります。また、「リ
スク評価報告書には、処理される重要データの種類と数量、データ処理活
動が実施される状況、直面するデータ・セキュリティ・リスクとその対策
など」を含める必要があり、マネジメントシステムの運用に重きが行われ
ていることが伺えます。セキュリティ対策とは継続的な組織活動ですが、
これを法律に落とし込んだのがDSLといえます。なお、「网络数据安全管理
条例（征求意见稿）」第32条では毎年1月31日までに当該地区の市レベルの
ネットワーク情報部門に評価報告書を提出するように規定しています。リ
スク評価報告書を少なくとも3年間保存しなければならないこと、またリス
ク評価報告書に含めるべき内容としては具体的な例示もありますので、指
針として参照するとよいでしょう。

　DSL第31条にはデータの越境移転規制もあります。重要情報インフラ運
営者はCSLに従ってデータ越境移転規制に準拠しなければなりません。

　また、一般的な企業にはあまり関係しないと考えられますが、「公安機関
や国家安全保障機関への協力義務」（DSL第35条）が定められています。さ
らに、外国の司法当局や執行機関によるガバメントアクセスに対しては、
「管轄当局の承認を得ずに、中国国内のデータを外国の司法機関または法執
行機関に提供してはならない」（DSL第36条）と、政府による干渉を明確化
しています。

DSLの関連法規

　DSLの関連法規で重要なものには「数据出境安全评估办法（征求意见稿）」と「网络数据安全管理条例（征求意见稿）」があります。前者はデータの越境移転に関して国が実施するセキュリティ評価についてのガイドラインの草案であり、後者はネットワーク上のデータに関する安全管理措置についての条例の草案です。これらについては第2章でCSLの関連法としても紹介しているので、概要についてはそちらを参照してください。

　次節からはQ&A形式でDSLのポイントを見ていきましょう。

4.3 DSLの要求事項

Q1 CSLとDSLの違いは何でしょうか？

A1 CSLとDSLはどちらも「セキュリティ」を扱っているため、違いがよくわからないと感じる人もいるかもしれません。両者の違いは対象の違いとして整理できます。CSLは「ネットワーク」のセキュリティを保護するための規定であり、DSLは「データ」のセキュリティを保護するための規定です。デジタル社会の整備に向けた文脈の中で作られた法律ですが、「電子的またはその他の手段による情報の記録」、つまりすべてのデータを対象としています。

解説

　CSLは「サイバースペースの主権と国家安全保障および社会の公益を守り、市民、法人、その他の組織の正当な権利と利益を保護し、経済・社会の情報化の健全な発展を促進する」（DSL第3条）、すなわちネットワークのセキュリティを保護する目的で制定された法律ですが、DSLはデータ処理活動を規制すること、データの安全性を保障すること、データの開発・利用を促進すること、個人ならびに組織の正当な権利・利益を保護し、国家の主権、安全、開発の利益を保護すること、すなわちデータ単位でのセキュリティを保護することを目的としています。保護する対象をデータとしたことで、ネットワーク外の非電子データも適用範囲に含まれるようになりました（DSL第3条）。

　2020年4月に公布された「中共中央国務院关于构建更加完善的要素市场化配置体制机制的意见」で、データを土地、労働、資本、技術に続く第5の主

要な生産要素であるとみなしている中国にとって、データを保護する法律の整備は重要な課題でした。DSLにおけるデータセキュリティとは「必要な措置を講じることで、データが効果的に保護され合法的に利用される状態を確保し、継続的に安全な状態を保障する能力」を意味します（DSL第3章）。

　ネットワークセキュリティの中にはネットワークデータのセキュリティも含まれるため、CSLとDSLの規制内容には重複する部分があります。これは、ネットワークセキュリティの中に個人情報の保護も含まれ、CSLとPIPLの規制内容が重複するのと同じです。中国はデータに関するセキュリティ保護をCSL、DSL、PIPLの3つを通じて実現しているのです。

　CSLとDSLがその目的の実現のために利用するのが「分類」と「等級保護制度」です。分類の目的はリスクに応じた保護を提供することにあります。等級保護制度の目的は、リスクに応じて実施すべき対応を具体化することにあります。CSLでは、ネットワークを重要情報インフラに関するネットワークとそれ以外のネットワークに分類しました。DSLでは、データを「重要データ」「核心データ」「それ以外のデータ」の3つに大きく分類しています。等級はネットワークの持つリスクに従って決まるため、該当する等級に従って必要な対応を行えば、分類に基づいたセキュリティ体制が整備できるようになっています。等級保護制度はCSLとDSL双方で利用されるため、企業にとっては等級保護認証の取得を行うことでCSLとDSLに同時に対応できるということとなります。

組織がとるべき対応

　企業は、「GB/T 22240-2020 信息安全技术网络安全等级保护定级指南」に従って等級を判断し、「GB/T 28448-2019 信息安全技术网络安全等级保护測评要求」に従って該当する等級で備えるべきセキュリティ対策の整備を行う必要があります。等級が2級以上の場合は第三者による認定と公安による認証が必要です。このプロセスは法律で規定された義務なので、必須のコンプライアンス対応として確実に履行するようにしてください。

Q2 DSLに関連して、何か事業者が行わなければならない対応はありますか?

A2 DSL第4章で規定されている要件を満たしていることの確認を行う必要があります。事業者には次の対応が求められます。

- データセキュリティ管理についての体制整備
- データセキュリティ教育、訓練の実施
- 等級保護制度に基づいたデータセキュリティの確保
- データに関するリスクモニタリング
- データ・セキュリティ・インシデント対応
- リスク評価報告書の作成と提出(重要データの処理を行う場合)
- データの越境セキュリティ管理
- データの合法的かつ正当な取得

解説

DSLで事業者に求められる対応はDSL第4章に規定されています。順に解説していきましょう。

データはそもそも合法的かつ正当な方法で取得しなければなりません(DSL第32条)。その上で、DSL第27条はデータ処理活動を行う者に対し、データのセキュリティを保障することを義務付けています。具体的には、データセキュリティを管理するためのプロセスを確立し、技術的な対策を講じるとともにスタッフへの教育訓練を行うことを求めています。また、ネットワークを介したデータ処理活動には等級保護制度に基づくデータセキュリティの保護義務が課せられます。重要データを処理する場合には、さらに責任の所在の明確化と組織的なセキュリティガバナンスの実施を義務付けています。

DSL第29条によると事業者は、リスクモニタリングを継続的に実施し、データセキュリティ上の欠陥や脆弱性などのリスクが発現した場合には、直ちに改善措置を講じなければなりません。特に、インシデントが発生し

た際には直ちに措置を講じ、規定に則り、すみやかに利用者、ならびに関連する管轄部門に報告しなければならないとされ、個人情報以外でもセキュリティインシデントを通知、報告する義務が課されています。

重要データを処理する場合には、データのリスクが上がるため、要件も強化されます。DSL第30条ではリスク評価を定期的に実施し、リスク評価報告書を関連管轄部門に提出する義務が課されています。「網絡数据安全管理条例（征求意見稿）」第32条では、リスク評価報告書に次の内容を含め、3年間保管するように規定しているので参考にしてください。

- 重要データの処理状況
- データ・セキュリティ・リスクの特定と対応策
- データセキュリティ管理制度、データのバックアップ、暗号化、アクセス管理等の安全保護措置、および管理システムの実施と保護措置の有効性について
- 国内のデータセキュリティに関する法律、行政規制、基準の実施状況
- データ・セキュリティ・インシデントの発生とその対応状況
- 共有、取引、処理の委託、国外に提供される重要データのセキュリティ評価状況
- データセキュリティに関する苦情とその対応状況

DSL第31条はデータ越境移転に関する規制です。それによると、重要情報インフラ運営者が中国国内における業務に関連して収集・生成した重要データの越境セキュリティ管理については、CSLの規定に従うことになります。重要情報インフラ運営者以外のデータ処理を行う者が重要データを越境移転する場合には、別途セキュリティ評価の実施が求められます。「網絡数据安全管理条例（征求意見稿）」第32条では、次の点について重点的に評価すると述べています。

- データ処理の目的、方法および範囲が合法的、正当かつ必要であるか
- データが漏洩、棄損、改ざん、濫用されるリスク、および国家安全保障、

経済発展、公共の利益にもたらされるリスク

- データ受領者の誠実さ、法律の遵守、外国政府機関との協力関係、中国政府の制裁を受けているか、などの背景情報
- データセキュリティを守るために、コミットした責任とそれを果たす能力が有効であるか
- データ受領者との関連契約におけるデータセキュリティ要件が、データセキュリティ保護義務についてデータ受領者を効果的に拘束する能力
- データ処理の過程における管理および技術的措置により、データの漏洩や棄損などのリスクを防止できるか

組織がとるべき対応

　企業は、CSLで規定された等級保護制度の遵守を行う一方で、DSLで導入される「リスク評価報告書」や「重要データの越境セキュリティ管理」への準備も進めておく必要があります。「リスク評価報告書」や「越境セキュリティ管理」の要件については最終化されているものはありません。しかし、方向性が「网络数据安全管理条例（征求意见稿）」で示されているので、最低限ここに記載されている内容についての説明が可能な状態を用意しておくことが望まれます。

Q3 重要データとは何を指しますか？

A3 DSL では定義されていませんが、「网络数据安全管理条例（征求意見稿）」では「改ざん、破壊、漏洩、不法な取得や不法な利用が発生した場合に、国家安全保障や公共の利益に危害をもたらす可能性のあるデータ」と定義されています。

解説

「重要データ」は企業の DSL 対応の程度を左右するデータとなるため、その定義が気になるところです。DSL 上には重要データの定義はありませんが、重要データ目録が作成されることが規定されています（DSL 第 21 条）。また、2021 年 11 月に公布された「网络数据安全管理条例（征求意見稿）」第 73 条（3）では定義とともに具体例が数多く挙げられているので、参考にしてください。「网络数据安全管理条例（征求意見稿）」によると、重要データとは「改ざん、破壊、漏洩、不法な取得や不法な利用が発生した場合に、国家安全保障や公共の利益に危害をもたらす可能性のあるデータ」であり、具体例としては次のものがあります。

- 未公開の政務データ、業務上の秘密、インテリジェンスデータ、法の執行および司法に関するデータ
- 輸出管理データ、輸出管理品目に関連するコア技術、設計スキーム、生産プロセスおよび、その他関連データ、暗号、生物、電子情報、人工知能などの領域で、国家安全保障や経済の競争力に直接影響を与える分野の科学技術成果に関するデータ
- 国の法律、行政規則、部門規則で保護または普及の制御が明確に規定されている国家の経済運営データ、重要産業のビジネスデータ、統計データなど
- 産業、通信、エネルギー、交通、水利、金融、国防科学技術産業、税関、税務などの重要産業分野の安全な生産・運営に関するデータ、重要なシ

ステムコンポーネントや機器のサプライチェーンに関するデータ

- 国家の関連部門が規定する規模や精度に達している、遺伝子、地理、鉱物、気象などのデータ、人口や健康、天然資源、環境に関する国家基本データ
- 国家インフラ、重要情報インフラの建設・運用およびそのセキュリティデータ、国防施設、軍管理区域、国防科学研究・生産ユニットなどの重要かつ機密性の高いエリアの地理的位置とセキュリティに関するデータ
- その他、国家の政治、国土、軍事、経済、文化、社会、科学技術、生態、資源、核施設、海外の利益、生物、宇宙、極地、深海などの安全に影響を与える可能性のあるデータ

組織がとるべき対応

組織は重要データを扱っているかを確認し把握することが大切です。今後公表される予定の、重要データの具体的な目録が出るのを待つ一方で、現時点では「網絡数据安全管理条例（征求意見稿）」に記載されている重要データの例をもとに扱っているデータの分類を進めておいてください。

なお、重要データかどうかを判断するのは組織が活動を行う地域の管轄部門なので、当局とコミュニケーションをとりながら、当局との認識に齟齬がないように努めておくことも重要です。

 核心データとは何を指しますか？

A4 核心データとは、国家安全保障、国民経済のライフライン、重要な国民の生活、主要な公共の利益などに関するデータのことです。

解説

DSLでは「国家安全保障、国民経済のライフライン、重要な国民の生活、主要な公共の利益などに関するデータ」を核心データと呼んでいます（DSL第21条）。核心データの具体例についてはまだ不明ですが、定義からは重要

データの一部が核心データと位置付けられると判断できそうです。

　重要データと核心データについては暗号を用いることが「网络数据安全管理条例（征求意见稿）」第9条で規定されているため、暗号化も忘れずに行う必要があります。

組織がとるべき対応

　重要データの場合と同様、自分たちの処理するデータに核心データがないことを確認するために管轄部門の公表する目録をモニタリングしておいてください。目録が公表された後も管轄部門との認識の齟齬がないよう、当局と十分なコミュニケーションをとっておくことが重要です。

Q5 DSLの越境移転規制の内容について教えてください

A5 重要情報インフラ運営者が中国国内における業務に関連して取得・生成した重要データを越境移転する場合は、CSLの規定に従って規制されます。また、その他のデータ処理を行う者が中国国内における業務に関連して取得・生成した重要データを越境移転する場合は、国家ネットワーク情報部門が国務院の関連部門と共同で策定する規制に従わなければなりません。

解説

　DSLの越境移転規制は基本的にCSLと同様と理解しておけばよいでしょう。「网络数据安全管理条例（征求意见稿）」では、越境移転について次のとおり定めています。

(1) 越境移転の適法化

　「网络数据安全管理条例（征求意见稿）」第35条によれば、データ処理を行う者が業務上、中国国外にデータを提供する確かな必要性がある場合は、次のいずれかの条件を満たさなければなりません。

- 国家ネットワーク情報部門が主催するデータ越境セキュリティ評価に合格していること
- データ処理を行う者およびデータ受領者の双方が、国家ネットワーク情報部門が認定した専門機関の実施する個人情報保護認証に合格していること
- 国家ネットワーク情報部門が作成した標準契約書の規定に従って海外のデータ受領者と契約を締結し、両当事者の権利と義務に同意していること

(2) 越境セキュリティ評価

「网络数据安全管理条例（征求意见稿）」第37条によれば、データ処理を行う者が中国で収集・生成されたデータを国外に提供する場合で次の状況が該当するときは、原則、国家ネットワーク情報部門が主催するデータ越境セキュリティ評価に合格しなければなりません。

- 越境データに重要なデータが含まれている場合
- 100万人以上の個人情報を処理する重要情報インフラ運営者およびデータ処理を行う者が個人情報を国外に提供する場合

(3) データを越境移転する者の義務

「网络数据安全管理条例（征求意见稿）」第39条によれば、国外にデータを提供するデータ処理を行う者は次の義務を果たさなければなりません。

- ネットワーク情報部門に提出された個人情報保護影響評価報告書に明記された目的、範囲、方法およびデータの種類とサイズを超えて、個人情報を国外に提供しないこと
- ネットワーク情報部門のセキュリティ評価で指定された目的、範囲、方法、データの種類や規模などを超えて、個人情報および重要なデータを国外に提供しないこと
- データ受領者が以下を確実に履行することを監督する、契約などの有効な手段を講じること
  - 両者が合意した目的、範囲および方法に従ってデータを使用すること

- データの安全性を確保するためのデータセキュリティ保護義務を果たすこと
- データ輸出に関するユーザーからの苦情の受付と対応を行うこと
- データ輸出が個人または組織の合法的な権利および利益、または公共の利益に損害を与える場合、データ処理を行う者は法律に基づいて責任を負うこと
- 関連するログ記録およびデータ輸出の承認記録を3年以上保管すること
- 国家ネットワーク情報部門が国務院の関連部門と共同で国外に提供された個人情報および重要データの種類と範囲を確認した場合、データ処理を行う者はそれらを明確かつ読みやすい方法で提示すること
- 国家ネットワーク情報部門がデータを輸出してはならないと判断した場合、データ処理を行う者はデータの輸出を中止し、輸出されたデータのセキュリティを改善するための有効な措置を講じること
- 個人情報を越境移転後に再移転する必要が確かにある場合は、事前に個人と再移転の条件を合意し、データ受領者が果たすべきセキュリティ保護の義務を明確にすること

この他、中国の主管当局の承認なく、外国の司法機関または法執行機関に対して中国国内に保存されているデータを提供することも禁じられています。

(4) 越境移転の報告義務

「网络数据安全管理条例（征求意见稿）」第40条によれば、個人情報や重要データを国外に提供するデータ処理を行う者は、毎年1月31日までにデータ輸出セキュリティ報告書を作成し、前年のデータ輸出情報を地区の市クラスのネットワーク情報部門に報告しなければなりません。ここには次の情報を含めます。

- すべてのデータ受領者の名前と連絡先
- 国外に出るデータの種類、量、目的
- 国外におけるデータの所在地、保管期間、利用範囲および利用方法

- 国外へのデータ提供に関するユーザーからの苦情と対応の状況
- 発生したデータ・セキュリティ・インシデントとその対応状況
- データ越境移転後の再移転に関する状況
- その他、国外でのデータ提供に関する報告が必要なものとして、国家ネットワーク情報部門が指定する事項

組織がとるべき対応

　データの越境移転については「解説」で紹介したとおり、「网络数据安全管理条例（征求意见稿）」にて詳細かつ厳格な要求が規定されています。まだ意見募集稿ですが、今後の規制の方向性を把握するためにも内容を理解しておきたいところです。

　特に「网络数据安全管理条例（征求意见稿）」第40条で定められている報告義務については組織が行うデータ処理に関連して、データ処理目録を非個人情報についても用意しなければならないことを示唆しており、データガバナンスの考え方が重要になることが伺えます。データガバナンスを推進するには、組織内のデータ管理の在り方を抜本的に見直す必要も出てきます。そのため、越境移転に関する規制の動向は注視しておいてください。

4.4 DSLのペナルティ

Q6 DSLのペナルティについて教えてください

A6 　データセキュリティの保護義務に違反した場合、最大で1,000万元以下の罰金の他、関連事業の停止、是正のための事業停止、関連事業許可の取り消し、事業ライセンスの取り消しを命じる他、直接の責任者および、その他の直接責任を負う職員に対し最大100万元以下の罰金を科されるおそれがあります。

解説

　データセキュリティの保護義務に違反した場合のペナルティはDSL第45条、46条で規定されています。

　データ処理活動を行う組織または個人が、DSL第27条（データセキュリティ管理制度の確立、データセキュリティ教育・訓練の実施、等級保護システムに基づいたデータセキュリティの確保）、DSL第29条（データに関するリスクモニタリング、データ・セキュリティ・インシデント対応）およびDSL第30条（リスク評価報告書の当局への提出）に規定されたデータセキュリティ保護に関する義務を履行しない場合には、是正命令や警告が管轄部門によって行われる他、直接の責任者に対しては5万元以上50万元以下の罰金が、その他の直接責任を負う職員に対しては1万元以上10万元以下の罰金が科される可能性があります。是正を拒否する場合や、大量のデータが流出するなどの深刻な事態を引き起こした場合は、50万元以上200万元以下の罰金が科され、関連事業者には関連事業の停止、是正のための事業停止、関連事業許可の取り消し、事業ライセンスの取り消しが命じられる

可能性があります。また、直接の責任者、その他の直接責任を負う職員に対して5万元以上20万元以下の罰金が科される可能性があります。

　データ処理活動を行う組織または個人が、DSL第31条（データ越境移転）の規定に違反して重要データが国外に提供した場合には是正命令、警告が管轄部門によって行われる他、直接の責任者に対しては10万元以上100万元以下の罰金が、その他の直接責任を負う職員に対しては1万元以上10万元以下の罰金を科される可能性があります。状況が深刻な場合は100万元以上1,000万元以下の罰金を科される可能性があります。また、関連事業の停止、是正のための事業停止、関連事業許可の取り消し、事業ライセンスの取り消しを命じられる可能性があります。また、直接の責任者およびその他の直接責任を負う職員に10万元以上100万元以下の罰金を科される可能性があります。

　このように、DSL違反は大きな影響を組織に及ぼすことになるため、確実なコンプライアンス対応が求められます。

組織がとるべき対応

　事業者は、違反時の影響の大きさを認識した上でデータ処理に関する義務を確実に履行しなければなりません。中国では本当に事業停止措置が実施されるので、ペナルティの適用は現実的なリスクとしてとらえてください。

　中国におけるDSL対応は、決して特殊な要求が数多くあるわけではありません。どちらかといえば、情報セキュリティの基本に忠実な運用を法制化したという色合いが強くあります。事業者としては、これを機に全社的な情報セキュリティ体制の底上げを図ってもよいかもしれません。いずれにせよ、コンプライアンス違反がもたらす影響は非常に大きいため、確実に情報セキュリティ対策を行い、適法な事業展開を行うことが大切です。

第**5**章

中国個人情報保護法
（PIPL）

5.1 オーバービュー

　PIPLは2021年8月20日に成立し2021年11月1日から施行された、中国初の包括的な個人情報保護を規定する法律です。フレームワーク法として個人情報保護の原則、目的、義務、責任を定めています。欧州法である一般データ保護規則（GDPR）と比べて短く簡潔にまとめられているため、規制の詳細については今後施行される行政法規や各分野別の技術標準にゆだねられます。

　PIPLはGDPRや個人情報を用いた新技術に対する世界各国の規制動向を詳細に研究し、諸外国とのデータ流通における相互運用性を念頭に作成されているため、一見GDPRとよく似ています。しかしセキュリティ対策ではCSL対応で要求される等級保護制度への準拠が前提とされているなど、制度設計は中国の文脈で行われている点を忘れてはいけません。

　PIPLにはGDPRと同様、域外適用規定があります（PIPL第3条）。組織が中国国内で自然人の個人情報処理を行う場合、中国国外で中国国内の自然人に対して商品またはサービスの提供を目的とする個人情報処理を行う場合、または中国国外で中国国内の自然人の活動の分析・評価を行う場合に、PIPLは適用されます。

　PIPLではまた、処理の原則が定められました。個人情報の処理は適法性、正当性、必要性、誠実性の原則に従う必要があります（PIPL第5条）。また、明確かつ合理的な目的を持ち、処理目的に対して直接関係があるもので、個人の権利・利益に与える影響が最小となる方法で行わなければなりません（PIPL第6条）。さらに、公開性、透明性の原則に従うことも求められています（PIPL第7条）。個人情報処理においては、個人情報の品質も重要です（PIPL第8条）。その他、個人情報のセキュリティを保障することも義務付けられています（PIPL第9条）。

　処理に関しては、GDPRと同様に「適法根拠」の概念が導入されています（PIPL第13条）。PIPLで認められる適法根拠は「同意」「契約の履行」「公衆衛生」「公共の利益」の5つであり、GDPRで認められた「正当な利益」（legitimate interest）という概念は含まれませんでした。しかし、「同意」以外の適法根拠が用意されたことは、より柔軟な個人情報処理が可能となったことを意味します。企業にとっても、これは歓迎すべき動きです。なお、公表されている情報については、合理的な範囲内であれば自由に処理可能とされています。

　適法根拠の概念を導入したことで、同意が唯一の個人情報処理の根拠でなくなった一方、PIPLでは「同意の要件」についての定義が厳格化されました。それによると、同意は十分な知識に基づき、本人が自発的かつ明示的に行った場合にのみ有効となります。また、個人には同意を撤回する権利があり、企業は個人に同意を撤回するための便利な方法を提供しなければなりません。さらに、商品またはサービスの提供に個人情報処理が必要な場合を除き、個人が自身の個人情報の処理に同意しない、または同意を撤回したことを理由に、商品またはサービスの提供を拒否してはならないとして、同意を人質にサービスの提供を行ってはならないことを定めています。

　PIPLでは情報通知も重要です。PIPL第17条は、個人情報処理を行う者に対して「(1) 個人情報処理を行う者の名称または氏名と連絡先、(2) 個人情報処理の目的、処理の方法、処理される個人情報の種類、保存期間、(3) 個人が本法で規定される権利を行使するための方法および手続き」といった情報を目立つ方法で、わかりやすい言葉を用いて、真実、正確かつ完全な形で個人に通知するように求めています。また、PIPLには「共同管理者」の概念もあります。共同で個人情報処理の目的および処理方法を決定する場合には、共同管理者はそれぞれの権利および義務について合意しなければならないとしています。委託処理については、委託先との契約締結と委託先の監督が規定されています。委託先以外の第三者に個人情報を提供する場合は受領者の名称または氏名、連絡方法、処理目的、処理方法および個人情報の種類を本人に通知し、かつ単独同意を取得する義務があるとし

ています。これは、いわゆるデータブローカー対策です。

　PIPL第24条ではプロファイリングに対する規制も導入されています。中国では、2020年頃からビッグデータを用いて個人の権利や利益を搾取する行為が「ビッグデータの裏切り」として大きな問題となっていました。このことを受け、PIPLは意思決定の透明性と結果の公正性、公平性を確保しなければならず、取引価格などの取引条件について不合理な差別的待遇を行ってはならないとし、かつ自動化した意思決定方法によって個人に情報をプッシュ通知する場合や商業マーケティングを行う場合には、個人の特性を対象としない選択肢を同時に提供するか、または個人が簡単に拒否できる方法を提供しなければならないとして、GDPRと同様、厳しく規制する方向に舵を切りました。

　新技術への対応という観点では、PIPLには画像処理技術への規制も含まれています。画像処理技術への規制は現在、世界的に推進されていますが、2016年に成立したGDPRには含まれておらず、PIPLは最新の動向を織り込んだ法律となっていることがわかります。

　PIPLでは、ひとたび漏洩したり不正利用されたりした場合に、容易に自然人の人間としての尊厳を侵害したり、人身や財産の安全を脅かしたりする可能性のある個人情報を「センシティブな個人情報」とし、具体例として生体識別情報、宗教的信条、特定のアイデンティティ、医療健康情報、金融口座情報、位置のトラッキング情報、および14歳未満の子どもの個人情報を挙げています。センシティブな個人情報として子どもの個人情報が入っている点が特徴的です。センシティブな個人情報を処理する際には個人の単独同意が必要です。またセンシティブな個人情報を扱う場合には、プライバシーノーティス[1]に必要性および個人の権利・利益に及ぼす影響を明示しなければならない点を覚えておきましょう。

　個人情報の越境移転についてはPIPL第38条で規定しています。適法に個人情報の越境移転を行うためには、(1) セキュリティ評価への合格、(2)

---

[1] プライバシーノーティス（Privacy Notice）は個人情報をどのように扱うべきかを示すために外部に公開する文書、プライバシー通知のことです。日本では、同じ目的で「プライバシーポリシー」が用語として使われることが多いのですが、本来はプライバシーポリシーは組織の内部向けのものとされます。

個人情報保護認証の取得、（3）国が定める標準契約の締結、のいずれかを満たす必要があります。個人情報の越境移転ではプライバシーノーティスで国外の受領者の名称または氏名、連絡方法、処理目的、処理方法、個人情報の種類、国外の受領者に対してPIPLで規定される権利を行使する方法と手続きなどの事項を通知しなければなりません。

　データローカライゼーションの規制もあります。重要情報インフラ運営者、および処理する個人情報が国家ネットワーク情報部門の規定する数量に達した個人情報処理を行う者は、中国国内で収集、生成した個人情報を国内に保存しなければならないため、該当する場合はデータを確実に中国国内で保存する仕組みを用意してください。

　PIPLでは、個人に対し、知る権利、決定権、拒否権、閲覧する権利、複製を請求する権利、是正・補足を請求する権利、削除を請求する権利、取り扱いルールの解釈・説明を求める権利と幅広い権利を認めています。これらの権利行使や苦情への対応期日などについてはPIPL上では規定されていませんが、「網絡数据安全管理条例（征求意見稿）」第22条には15日以内という期限が記載されています。そのため、GDPRよりも短期間で対応しなければならない可能性があることを覚えておいてください。

　個人情報処理を行う者は個人情報マネジメントシステムの運用、個人情報の分類管理の実施、個人情報に対する暗号化や非識別化などのセキュリティ対策、教育や訓練の実施、データ侵害対応計画の用意を行う必要があります。

　PIPLの域外適用を受ける場合には、中国国内に代理人を設置する義務もあります。個人情報処理を行う者が、（1）センシティブな個人情報を処理する場合、（2）自動化した意思決定のために個人情報を使用する場合、（3）個人情報処理を委託する場合、個人情報処理を行う他者に個人情報を提供する場合、個人情報を開示する場合、（4）国外に個人情報を提供する場合、および（5）その他、個人の権利・利益に重大な影響を与える個人情報処理活動を行う場合には「個人情報保護影響評価」の実施が必要です（PIPL第55条）。

　万一、データ侵害が発生した場合には、「直ちに救済措置を講じ、個人情

報保護に責任を負う部門および個人に通知」する必要があります（PIPL第57条）。

　PIPLに違反した事業者に対しては、業務許可や業務ライセンスの停止、最大で5,000万人民元または前年度売上高の5％の罰金、個人情報処理に対する責任者個人に対する処罰など厳しいペナルティが規定されています。特にライセンスが停止されると中国での事業そのものが消失することとなるため、企業はPIPLの確実な遵守を行う必要があります。

5.2 PIPLの全体像

PIPLの構成と概要

PIPLは全8章74条からなる法律です。PIPLは、中国で初めて個人情報保護について包括的に規制を行いました。個人情報が広範に利用される時代にあって、個人の権利と利益を保護することを目的とした法律で、個人情報処理の原則、個人情報処理に関連するルール、個人情報の越境移転に関するルール、個人情報に関する個人の権利、個人情報処理を行う者のルール、監督当局についての規定、ペナルティを定めています。

PIPLの構成は次のとおりです。

第1章　総則
第2章　個人情報処理に関するルール
　　第1節　一般的なルール
　　第2節　センシティブな個人情報処理に関するルール
　　第3節　国家機関による個人情報処理に関するルール
第3章　個人情報の国境を越えた提供に関するルール
第4章　個人情報処理活動における個人の権利
第5章　個人情報処理を行う者の義務
第6章　個人情報保護義務を果たす部門
第7章　法的責任
第8章　附則

第1章では総則としてPIPL全般に関係する内容を規定しています。具体的には域外適用を含むPIPLの適用範囲、個人情報や個人情報の処理につい

ての定義、個人情報処理の原則といったことが定められています。

　第2章では個人情報処理に関する各種ルールが整備されています。第1節は一般的な個人情報に対するルール、第2節はセンシティブな個人情報処理に対するルールがまとめられています。第3節は官公庁での個人情報処理についてのルールなので、一般企業には適用されません。第1節が規定するルールは、適法根拠の設定、プライバシーノーティスの要件、同意の要件、保管の制限、共同管理者についてのルール、委託時のルール、データブローカーに対する規制、M&A時の個人情報処理のルール、自動化した意思決定に対するルール、個人情報の開示についてのルール、および公共の場における画像認識技術の利用に関するルールです。実務上密接に関係する内容なので、コンプライアンス対応を行う際に重要な箇所となります。第2節が規定するルールは、センシティブな個人情報の定義、センシティブな個人情報を処理する際のルール、および子どもの個人情報処理を行う際のルールです。こちらも、該当する場合は実務に関係しますので、必ず内容を確認しなければなりません。

　第3章では個人情報の越境移転に関するルールを規定しています。個人情報の越境移転を適法化する方法としてはセキュリティ評価、認証、標準契約の3つが提供されており、この実装が今後必要となります。セキュリティ評価については「数据出境安全評估办法（征求意見稿）」に、標準契約については「网絡数据安全管理条例（征求意見稿）」に具体的な情報が記載されています。いずれも、方向性をつかむためにも、併せて確認しておきたいものとなります。

　第3章で取り上げられるもう1つの重要なテーマは、データの中国国内保存です。基本的なスタンスとしては、国家安全保障や社会秩序に影響を及ぼすような個人情報は中国国内に保管するというルールになっています。

　第4章が規定するのは、個人が自分の個人情報に対して行使可能な権利です。知る権利、決定権、拒否権（PIPL第44条）、閲覧する権利、複製を請求する権利（PIPL第45条）、是正・補足を請求する権利（PIPL第46条）、削除を請求する権利（PIPL第47条）、取り扱いルールの解釈・説明を求める権利（PIPL第48条）、と幅広い権利が個人に対して認められています。

　ただ、対応期日などについてはPIPL上では規定されていません。「网络数据安全管理条例（征求意见稿）」第22条に「15日以内」と記載されていることから、GDPRよりも短い期間で対応しなければならない可能性があります。

　第5章では個人情報処理を行う者が遵守すべき義務を規定しています。PIPLは組織に個人情報のマネジメントシステムの導入を義務付けています。規定の整備、個人情報の分類管理、個人情報のセキュリティ対策の実施、スタッフに対する教育、訓練の実施、インシデント対応計画の用意、内部監査を行う義務が規定されているなど、個人情報の管理運用の方法まで法律で規定している点が特徴的です。なお、域外適用を受ける企業は中国国内に代理人を任命しなければなりません。企業は、リスクの高い個人情報処理を行う場合には個人情報保護影響評価を実施する必要があります。その方法については、国家標準である「GB/T 39335-2020 个人信息安全影响评估指南」を参照してください。その他、データ侵害が発生した際の通知義務も定めています。

　第6章では個人情報保護を管轄する部門について規定しています。ネットワーク情報部門が国家レベルでの調整を行い、個々の実務については国務院の関連部門や地方レベルの関連部門が取り締まりを行います。管轄当局は調査、調査に必要な資料のコピー、立入検査などを行う他、是正命令、罰金措置を行うこともできます。また、個人は個人情報を管轄する当局に苦情または報告する権利を有します。

　第7章ではペナルティについて規定しています。個人情報保護の義務違反については違法所得の没収および100万元以下の罰金が科されるとしています。違反の程度が大きい場合には、最大5,000万元以下、前年売上高の5%以下の罰金が科されます。さらに、関連する業務許可の取り消し、または業務ライセンスの取り消しを管轄当局に通知することも可能となっています。

　第8章は附則として、私的な個人情報処理にはPIPLが適用されないこと、および個人情報保護に関連した用語（個人情報処理を行う者、自動化した意思決定、非識別化、匿名化など）を定義しています。

PIPL対応のポイント

　PIPLは要件としてGDPRに近い内容となっています。そのため、企業がPIPLに準拠する際は、GDPRで実施したコンプライアンス対応をベースに実施するというアプローチが最も効率的な方法となるでしょう。GDPRからの差分として生じる項目は、次のようなものが考えられます

- プライバシーノーティスに含む項目の更新（PIPL第17条、22条、23条、24条、30条、35条、39条）
- 個人情報責任者（責任部門）の特定（PIPL第52条）
- 必要な場合は中国国内の代理人の指定（PIPL第53条）
- 個人情報のセキュリティ対策の1つとして等級保護制度に準拠（PIPL第51条）
- データ侵害対応訓練とプライバシートレーニングの実施（年に一度以上）（PIPL第51条）
- 自動化した意思決定、個人情報処理の委託、個人情報の第三者提供および公開、個人情報の越境移転が発生する処理に対する個人情報保護影響評価の実施（PIPL第55条）
- 委託先との契約書のひな形の更新（中国向け契約書ひな形の用意）（PIPL第21条）
- 越境移転対応として契約書のひな形の更新（中国向け契約書ひな形の用意）（PIPL第38条）
- 単独同意の証跡の保存（たとえばPIPL第29条）

　PIPL対応の進め方は、GDPRと同じでデータマッピング[2]とコンプライアンスチェックを通じたリスク評価を行い、見つかったギャップに対してリスクに応じて必要な対策を行う、という流れとなります（**図5.1**）。具体的な要件については未定の部分も多いのですが、なすべき対応の大枠はす

---

[2] データマッピングとは管理すべき個人情報にはどういう種類があるかを洗い出し、それらの個人情報処理に伴う業務プロセスを把握する作業のことです。

でに定まっているので、現時点でできることがあればすみやかに実施しておくことを推奨します。

　現実的な対応としては、目に見える部分から手当てをするという方針をとります。まずは等級保護認証の取得を行うこと、SaaSサービスなどでデータ越境移転に対して違反状態があることがわかっている場合はその解消を優先するとよいでしょう。ビジネスを止めないために、まずは回避策の手当てを行います。その後、PIPL対応としてデータマッピング、コンプライアンスチェックを経て、最も目につくプライバシーノーティスをPIPLに適合した形にする必要があります。プライバシーノーティスを更新する中で、自社の持つ個人情報の棚卸とPIPLの遵守状況を把握できるので、リスクの高いものから順に対応を補完していきます。

　コンプライアンス対応で大切なのは、何かが起きたときに説明できる状態を作ることです。これを「アカウンタビリティを備える」と言います。アカウンタビリティを備えるためにすべきことは数多くあります。いくつか例を挙げると、責任者を任命し個人情報マネジメントを運用するための文書を整備すること、定期的な会議を通じて個人情報保護の状況を継続的に監視すること、必要に応じて個人情報に関するリスク評価を行い適切な対策を実施すること、内部監査を行い個人情報マネジメントの運用が正しく行われていることを確認すること、などの活動が該当します。こういった活動はPIPL対応に限らず、世界各国の個人情報保護法で共通して必要となるため、組織は効果的なプライバシー・マネジメント・プログラムを構築しておきたいものです。

図5.1　PIPLへの対応ステップの例

PIPLの関連法規

　PIPLが成立したからといって、以前の法律が無効化されるわけではありません。たとえば消費者保護法第29条には、消費者への情報送信について「消費者の同意もしくは要請がない場合、または消費者が明示的に拒否した場合には、商業情報を送信してはならない」と、日本でいう特定電子メール法に近い内容が規定されています。また、刑法第253条には「国の関連法規に違反して、市民の個人情報を販売したり他人に提供した者で、情状が重大な場合は3年以下の懲役または拘留、罰金または科料に処し、情状が特に重大な場合は、3年以上7年以下の有期懲役および罰金に処する」とあり、PIPL第68条で規定されている処罰で援用されます。

　このように、PIPLが成立しても以前の法律は引き続き参照されますので、PIPL成立以前の法律に含まれる個人情報保護に関する規定についても理解しておくことが大切です。PIPL以前の法律で個人情報保護の要件を含むものを**表5.1**にまとめているので参照してください。

年	概要
2009年	刑法改正により個人情報に関連する犯罪が追加
2013年	消費者保護法（改正）に消費者の個人情報権利保護が追加
2015年	刑法第九次改正で個人情報に関連する処罰が追加
2017年	CSL 施行
2018年8月	電子商取引法でユーザーの個人情報保護を規定
2020年3月	GB/T 35273-2020 個人情報安全規範 公布
2020年5月	民法典公布 プライバシー権と個人情報保護を規定（第6章）
2020年10月	未成年者保護に関する法律改正により16歳未満の子どもをオンラインゲームなどへの依存から保護

（次ページに続く）

年	概要
2021年3月	一般的なモバイル・インターネット・アプリケーションで必要な個人情報の範囲の規定
2021年11月	PIPL 施行

表5.1　PIPL以前の個人情報保護に関する法規制の動き

　PIPL以前の法律のうち、個人情報保護について比較的包括的な規定がされている法律としてCSLと民法典があります。これらの法律とPIPLを比較してみましょう。

CSLにおける個人情報保護規定

　CSLで個人情報保護に関する規定があるのは、第21条、22条、34条、37条、40条、41条、42条、43条、44条、45条です。

■CSL第21条、CSL第34条

　ネットワーク運営者および重要情報インフラ運営者は、情報セキュリティマネジメント体制を整備し、その責任者を任命しなければなりません。また、サイバー攻撃やネットワークへの侵入に対して技術的なセキュリティ対策を実装し、ネットワーク監視、ログの6ヶ月間保管、データ分類の実装、重要データのバックアップ、暗号化、データ侵害対応計画の策定、データ侵害対応のテーブル・トップ・エクササイズ（机上演習）の実施などのセキュリティ対策が求められています。これらはPIPL第51条で記載されている個人情報処理を行う者の義務をより具体的に規定しているものとみなしてよいでしょう[3]。

■CSL第22条

　ネットワーク製品およびサービスにユーザー情報の取得機能がある場合、

---

[3] さらに具体的なセキュリティ対策を検討する際は、等級保護における1級から4級までの要求事項を規定した、「GB/T 28448-2019 网络安全等级保护测评要求」が参考になります。

使用者に対してユーザー情報取得を明示的に通知し、同意を得なければなりません。CSLでは個人情報の取得には必ず通知と同意が必要とされていますが、PIPLでは新たな適法根拠が用意され、この要件が幾分緩和されました。

■CSL第37条

重要情報インフラ運営者のデータ越境移転規制の一環として、中国国内の運営で取得、生成した個人情報の国内保存義務が規定されています。

■CSL第40条

電子商取引法の内容が再度確認されており、ネットワーク運営者に対して、取得した利用者情報の秘密を厳守するように定めています。また、利用者情報保護のための健全な体制を構築しなければならない、としています。事業者は組織内に個人情報保護マネジメントシステムを実装する必要があります。

■CSL第41条

ネットワーク運営者に対して、個人情報の取得・利用にあたって「適法性、妥当性、必要性の原則に則り、取得・利用のルールを開示し、取得・利用の目的、方法、範囲を明示し、本人の同意を得なければならない」と定めています。PIPLでは個人情報の取得・利用にあたって「同意」以外の適法根拠が用意されているため、PIPLが制定されたことで事業者にとって柔軟な規制が用意されたと言えます。

またCSL第41条によると、ネットワーク運営者は提供するサービスと無関係な個人情報を取得してはならず、法規制に違反して個人情報を取得・利用してはなりません。さらに、保管する個人情報は法規制およびユーザーとの合意に基づいて処理しなければなりません。これらの要件はグローバルで議論されているプライバシーフレームワークの1つであるAPECプライバシーフレームワーク[4]に規定されている、"Collection Limitation"（取得の制限）や"Use of Personal Information"（個人情報の使用）の項目に呼応

しています。また、PIPL第5条、6条にも対応しています。中国が国際標準を視野に入れながら個人情報保護規制の整備を行っていることが伺えます。CSLのほうがPIPLよりも具体的な表記となっているため、PIPL第5条、6条の理解を深める一助として参照するとよいでしょう。

■CSL第42条
　ネットワーク運営者に対し、匿名化されていない個人情報の不正な開示、改ざん、破壊を禁止する他、匿名化されていない個人情報を無断で提供することを禁止し、規律ある個人情報の流通を行うよう義務付けています。PIPL第10条および25条の内容を具体的に記載しているといってよいでしょう。
　また、同条では個人情報に対するセキュリティ対策、データ侵害対応、個人および管轄部門へのデータ侵害通知義務も定めています。こちらはPIPL第9条、51条に規定される内容に対応しています。データ侵害対応に関しては通知の期限やその内容までは規定されていないため、関連標準[5]や他国の事例を参考にする必要があります。

■CSL第43条
　CSL第43条では個人の権利が規定されています。「個人情報の不正な取得・利用が行われている場合に、自己の個人情報を削除するようネットワーク運営者に要求する権利」と「ネットワーク運営者の取得、保管している個人情報に誤りがある場合に訂正を請求する権利」が個人に対して提供されており、ネットワーク運営者はこれに応じる義務を負います。前者はPIPL第47条、後者はPIPL第46条に対応しています。PIPLでは、これ以外にもアクセス権やポータビリティ権が追加され、個人の権利が拡大されています。

[4] APECプライバシーフレームワークはAPEC（アジア太平洋経済協力開発機構）が域内における整合性のある個人情報保護の実現、情報の流通に対する障害を取り除くことを目的として2004年10月に制定されました。その具体的な運用の仕組みとして、CBPRシステム（Cross Border Privacy Rules System）が2011年に構築されています。CBPRはAPECのプライバシー原則に適合していることを認証する制度です。
[5]「GB/T 35273-2020 個人情報安全規範」10項ではデータ侵害対応と通知についての規定がされています。

■CSL第44条

個人情報の不正な入手・販売・提供を禁止しており、PIPL第10条に対応しています。データブローカーなどが個人の同意を取得せずに得た個人情報を流通させることを防ぐための条項です。

■CSL第45条

国家機関への規制です。ネットワークセキュリティの監督管理を行う部門およびその職員が、職務上知り得た個人情報や個人のプライバシーに係る事項、ビジネス上の秘密、職務上知り得た内容を他者に開示、販売、違法に提供してはならないことを定めています。PIPLにはここまで具体的な文言は記載されていませんが、PIPL第68条では「個人情報保護責任部門の責任者が、その職務を怠る、権力を濫用する、または個人的な利益を優先」した場合に処罰を行うと規定しています。

条項	概要
第21条 第34条	(安全管理策) ●責任者の任命、安全管理策の採用、トレーニングの実施、インシデント対応計画の用意
第22条	(同意の取得) ●ユーザー情報取得時の通知と同意の取得
第37条	(ローカライゼーション、越境移転規制) ●重要情報インフラ運営者の義務：中国国内の運営で取得、生成した個人情報は国内で保存しなければならない
第40条	(マネジメント) ●利用者情報の秘密保持、利用者情報保護制度の確立
第41条	(原則) ●個人情報処理の適法性、正当性、必要性の原則 ●個人情報処理の通知 (目的、方法、範囲)、同意の取得

(次ページに続く)

条項	概要
第42条	（データ侵害対応） ●個人情報の漏洩、改ざん、棄損の禁止、同意のない第三者提供の禁止、情報漏洩、改ざん、棄損または紛失防止のための技術的措置の実施、データ侵害の当局および個人への通知義務
第43条	（コントロール権） ●個人の権利（不正に取得した個人情報の削除権、訂正権）
第44条	（原則） ●個人情報の不法な入手、不法な販売、不法な提供を禁止
第45条	（当局の義務） ●当局職員の秘密保持義務、職権濫用の禁止

表5.2　CSLでPIPLに関連する規定がある条項とその概要

中国民法典における個人情報保護規定

　2020年1月1日から施行された中国民法典（以下、民法典）は全部で1,260条もある法律で、中国で個別に整備が進んできた民商事法を1つに集約したものです。この第4編「人格権」の第6章に「プライバシーおよび個人情報の保護」という章があります[6]。

　民法典にはプライバシー保護と個人情報保護についても規定があり、個人情報保護のみを規定するPIPLよりも広い範囲で個人に対する権利の保証を提供しています。PIPLで規制しきれない権利・利益の侵害が生じた場合は民法典で規制するというイメージを持っておくとよいでしょう[7]。

　民法典から個人情報保護に関係ある部分のみを紹介します。

---

[6] 他の多くの国と同様、中国でも個人情報保護とプライバシー保護とを区別しています。一般に、前者はデータそのものの保護を通じて差別的扱いが生じることを予防するための施策であり、後者は「一人でいる権利」、すなわち私生活の平和、安らぎ、および私的な領域を確保するための施策を指します。

[7] 実際、民法典第1034条第3項は「個人情報のうち、私的情報についてはプライバシー権に関連する規定を適用し、規定がない場合には個人情報保護に関連する規定を適用する」としています。

■民法典第1034条

　個人情報を保護することが宣言され、個人情報の定義が行われています。それによると、個人情報とは「自然人の氏名、生年月日、身分を証明する証票の番号、生体識別情報、住所、電話番号、電子メールアドレス、健康情報、移動履歴情報」などが含まれます。PIPLでは第4条に個人情報の定義を規定していますが、概念を示すのみで具体的な例示は行っていません。

■民法典第1035条

　個人情報処理は、適法性、正当性、必要性の原則を遵守しなければならず、過剰な処理を禁止しています。また、同意の取得、情報処理に関するルールの公開、処理目的、方法、範囲の明確化を規定している他、個人情報処理の定義も行っています。これらはPIPL第5条、6条、7条、13条に対応しています。民法典で挙げられている個人情報処理の例とPIPL第4条で列挙されている処理の例はほぼ一致していますが、PIPLには「削除」も例として加わっています。

■民法典第1036条

　個人情報処理が適法に行われる条件として、個人または後見人の同意がある場合、公開情報である個人情報を処理する場合、公共の利益や個人の権利・利益を保護する目的である場合の3つが規定されています。同様の内容はPIPL第13条、31条で、より詳細に規定されています。

■民法典第1037条

　個人は、自身の個人情報についてコントロールする権利を有しています。民法典では、閲覧または複製を求める権利、情報の誤りに対して異議を述べ、かつ遅滞なく訂正するなどの必要な措置を要求する権利、不法・不正に処理されている個人情報を削除するよう要求する権利を規定しています。PIPL第44条からPIPL第49条では、この他ポータビリティの権利や死者の情報などの権利も規定しており、さらに権利が拡大されています。

■民法典第1038条

　個人情報処理を行う者には、個人情報を保護する義務があることを示しています。これには、取得・保存した個人情報を漏洩することや改ざんすることの禁止、個人情報を第三者に提供する場合は必ず同意の取得が必要であること、個人情報を保護するために必要な技術的措置やその他の必要な措置を講じなければならないこと、データ侵害が発生した可能性のある場合には遅滞なく対策を講じ、個人への通知および当局への通知が必要であることを定めています。これらの内容はPIPL第51条、57条に一致します。事業者は、CSL、民法典、PIPLで規定される義務項目を確実に社内規定に落とし込み、運用できるようにしなければなりません。

■民法典第1039条

　CSL第45条と同様、国家機関などに対する規制です。国家機関および行政機能を有する法定機構、その職員は、業務を通じて知り得た個人情報について秘密を保持しなければならず、それを漏洩し、または不法に他人に提供してはならないとしています。PIPL第68条の内容とも関連します。中国のデータ関連法の規制は、民間部門、公的部門双方に対する規制となっています。

条項	概要
第1034条	（定義） •個人情報とは、電子その他の方法により記録され、単独、またはその他の情報と結び付いて特定の自然人を識別可能な情報
第1035条	（原則） •個人情報処理の適法性、正当性、必要性の原則 •過剰な処理の禁止、同意の取得、情報処理に関するルールの公開、処理目的、方法、範囲の明確化、個人情報処理の定義
第1036条	（適法な個人情報処理） •個人または後見人の同意がある場合、公開情報である個人情報を処理する場合、公共の利益や個人の権利・利益を保護する目的である場合

（次ページに続く）

条項	概要
第1037条	（コントロール権） • 閲覧または複製を求める権利、情報の誤りに対して異議を述べ、かつ遅滞なく訂正などの必要な措置を要求する権利、不法・不正に処理されている個人情報を削除するよう要求する権利
第1038条	（個人情報処理を行う者の義務） • 取得、保存した個人情報を漏洩することや改ざんすることの禁止、個人情報を第三者に提供する際の同意取得、必要な技術的措置やその他の必要な措置の実装、データ侵害への対応、個人、当局への通知
第1039条	（当局の義務） • 当局職員の秘密保持義務、職権濫用の禁止

表5.3 民法典でPIPLに関連する規定がある条項とその概要

国家標準

　中国には個人情報保護を規定する法律が複数ありますが、それとは別に個人情報保護についての国家規格である「GB/T 35273-2020 个人信息安全规范」もあります。日本のJIS 15001に相当するもので、個人情報保護に関連して、法律よりも具体的な規定が定められています。「GB/T 35273-2020 個人情報安全規範」はあくまでも推奨標準という位置付けですが、規制当局が運用時に参照していることもあり、中国の個人情報保護対応を行う上では目を通しておきたい規格といえます。

　「GB/T 35273-2020 个人信息安全规范」と併せて押さえておきたいのが、「GB/T39335-2020 個人情報安全影響評価指南」です。こちらは個人情報保護影響評価の方法を規定した規格となっています。概念的な話が中心のISO/IEC 29134とは異なり、データマッピングの方法、プライバシーリスクの分析方法、リスク対応の記録方法などについての具体的なガイドラインが提供されているため、PIPL対応で安全性評価をする際にはこちらを参照すべきでしょう。

　次節からはQ&A形式でPIPLのポイントを見ていきましょう。

5.3 PIPLの基本：目的

Q1 PIPLとはどのような法律ですか?

A1 中国で初めて個人情報保護について包括的に規制した法律です。中国憲法を根拠とした個人の権利と利益を保護することを目的とした法律で、個人情報処理の原則、個人情報処理に関連するルール、個人情報の越境移転に関するルール、個人情報に関する個人の権利、個人情報処理を行う者のルール、監督当局についての規定、ペナルティを定めています。

解説

PIPLは2021年8月20日に成立し2021年11月1日から施行された、中国初の包括的な個人情報保護を規定する法律です。「個人情報の権利・利益を保護し、個人情報処理活動を規制し、個人情報の適正な利用を促進する」目的で制定されました（PIPL第1条）。

PIPLはGDPRや個人情報を用いた新技術に対する世界各国の規制動向を詳細に研究し、諸外国とのデータ流通における相互運用性を念頭に作成されています。そのため、一見すると規制内容はGDPRとよく似ています。しかしセキュリティ対策ではCSL対応で要求される等級保護制度への準拠が前提とされているなど、制度設計は中国の文脈で行われている点を忘れてはいけません。

PIPLはフレームワーク法で、中国における個人情報保護における方向性と大きな枠組みを規定する法律といえます。そのため、法律自体は原則、目的、義務、責任を定めるだけで、規制の詳細については今後施行される行政法規や各分野別の技術標準で明確化されます[8]。

PIPLでは国による統制が厳しいのでしょうか？

A2 PIPLは、国の統制を保ちつつ、規制対象となる組織がルールを遵守可能であることを重視し、一定程度の自由も認めています。

解説

　PIPLの運用を監督する国家ネットワーク情報部門は独立性を担保された機関ではなく、国家機関の1つという位置付けです。そのため、PIPLの運用については国の意向が直接反映されます。これは、監督機関の独立性を重視する欧州の考え方と大きく異なる点です。

　PIPLは厳しい統制を課す法律であるかというと、そうとも言い切れません。PIPL策定に最初期から関与してきた中国社会科学院法学研究所副学長の周漢華教授は、スタンフォード大学中国法研究チームが行ったインタビューで、「PIPLは柔軟性と中国の独自性を兼ね備えた法律である」と説明しています[9]。周教授によると、PIPLは、「インセンティブの互換性の原則」という考え方を取り入れています。規制すべきところは厳格に規制し、組織の成熟度や体力によって対応に幅が生じる部分については柔軟性を持たせる、という考え方です。

　たとえば、PIPLは組織に対してコンプライアンスの内部監査を実施するよう要求しています（PIPL第54条）。しかし、その方法は組織が自ら決めることができます。組織は、自主監査を行うに留めてもよいし、第三者監査を実施してもかまいません。PIPLの目的である個人の権利・利益が保護されている限り、その手法は問わないというわけです。

　PIPL対応についても、中国における事業者の実態に応じたコンプライア

---

[8] 国家網信部门などからの施行規則を継続してモニタリングする必要があります。一般に情報セキュリティ関連の情報は公安部、個人情報保護関連の情報は工信部、国家標準に関する情報は国家標準化管理委員会のウェブサイトから入手可能です。
国家网信部门 http://www.cac.gov.cn/
公安部 http://www.gov.cn/fuwu/bm/gab/index.htm
国家标准化管理委员会（国家標準化管理委員会）http://www.sac.gov.cn/

[9] https://digichina.stanford.edu/news/top-scholar-zhou-hanhua-illuminates-15-years-history-behind-chinas-personal-information

ンス対応を行えばよいと考えられます。

Q3 中国では今後、ビッグデータやAIの利用が制限されるのですか？

A3　PIPLではビッグデータの濫用に対して一定の歯止めをかけています。これはビッグデータやAIの利用をやめるという意図ではなく、適正な利用を推進するという性格のものです。ビッグデータやAIなどの新技術が利用できなくなることはありませんが、バランスのとれた利用が求められます。

解説

　中国では社会のデジタル化が進み、情報の囲い込みやビッグデータを活用した個人の差別的扱いが社会問題となっています[10]。個人から取得した大量のデータをAIで分析することで、価格差別や高齢者に対する詐欺広告の表示といった、社会的に好ましくない事象が生じているためです。

　AIを用いたビッグデータ解析はデジタル経済の促進に欠かせない要素であり、過度に規制することはできません。PIPLでは「自動化した意思決定を行うために個人情報を利用する場合、意思決定の透明性と結果の公正性、公平性を確保しなければならず、取引価格などの取引条件について不合理な差別的待遇を行ってはならない」（PIPL第24条）と原則を述べるに留めています。実際のルールの運用は、現場で取り締まりを行う各監督部門と個人情報処理を行う事業者にゆだねるという立場です[11]。

　2022年12月31日に公布された、アルゴリズムを用いたインターネットサービスに対する規制である「互联网信息服务算法推荐管理规定」第6条では、「価値観の主流を堅持し、アルゴリズムレコメンデーションのメカニズ

[10] ビッグデータによって個人が不当に扱われることは、中国では「大数据杀熟」（ビッグデータの裏切り）と呼ばれ、大きな関心を呼んでいます。現代のデータ解析技術は、ビッグデータを通じて個人について深く理解し、個人を意のままに操ることができるようになるほどに発展しています。
[11] 欧米では新技術に対しては"future-proof"という言葉を使い、「将来にわたって持続性のある」技術開発を検討しなければならないという議論がされています。

ムを最適化し、積極的にプラスのエネルギーを広め、アルゴリズムの応用
をよりよく推進」するよう促し、第8条で「利用者に耽溺、過消費を誘発す
るなどの法令違反、倫理道徳違反のアルゴリズムモデルを設定しないよう
に」と規定しています。アルゴリズムを利用したマーケティングや分析を
行っている企業は、「互联网信息服务算法推荐管理规定」の内容を確認し、
運用するアルゴリズムと運用体制について、たとえば次のような点を再確
認してください。

- ユーザーに耽溺や過剰な消費を誘発するようなアルゴリズムモデルを設
  定していないこと
- ユーザーがアルゴリズムに介入することや自主的に選択できる仕組みを
  提供すること
- ユーザーにアルゴリズムレコメンデーションを提供していることを知ら
  せ、アルゴリズムの考え方、目的および主な運用の仕組みなどを公表す
  ること
- ユーザーに個人の特性を対象としない選択肢を提供すること、またはア
  ルゴリズムレコメンデーションを停止する選択肢を提供すること
- アルゴリズムレコメンデーションに用いるユーザーラベルを、ユーザー
  が自分で選択・削除できる機能を提供すること
- 未成年者が危険な行為や社会道徳に反する行為を模倣するきっかけとな
  る情報、未成年者の悪い習慣を誘発する情報、その他、未成年者の心身
  の健康に影響を与えるような情報を未成年者に提供しない仕組みを作る
  こと
- 高齢者にサービスを提供する場合、高齢者の権利と利益を保護し、旅行、
  医療、消費、ビジネスに対する高齢者のニーズを十分に考慮し、高齢者
  がアルゴリズムレコメンデーションを安全に利用できるようにすること
- 消費者に商品またはサービスを提供する場合、消費者の権利を保護し、
  消費者の嗜好、購買傾向に基づき、取引価格で差を設けるなどの行為は
  してはならないこと

5.4 PIPLの基本：適用範囲と定義

Q4 PIPLは誰に適用されますか？

A4 PIPLは中国国内で行われる自然人の個人情報処理に適用されます。また、中国国外から中国国内に商品・サービスを提供する目的で個人情報処理を行う者、中国国内の自然人の活動の分析・評価を行う者に対しても適用されます。

解説

　PIPLは、中国国内で個人情報処理を行う者すべてに適用されます。また、「中国国外から中国国内に商品・サービスを提供する目的で個人情報処理を行う」組織や「中国国内の自然人の活動の分析・評価を行う」組織に対してもPIPLは適用されます（PIPL第3条）。ここでいう中国国内とは、香港、マカオ、台湾を含まない中国本土を意味します。

　中国国外の事業者に対してもPIPLを適用することを「域外適用」と言います。域外適用を受ける事業者の例としては、越境ECで中国に対して商品やサービスを提供している企業や、日本からオンライン上でユーザーデータやIoTデータを分析するサービスを提供している企業があります。

　PIPLは私的な個人情報処理には適用されません（PIPL第72条）。私的な個人情報処理とは、他者への影響を及ぼさない個人情報処理です。たとえば、自動車の車載アプリによるデータ処理が車内に留まり車外に出ない場合は「私的な個人情報処理」とみなされます。一方で、趣味のグループで名簿作成を行う場合は、友人間の活動であっても「私的な個人情報処理」とはみなされません。

組織のとるべき対策

中国国内で個人情報を用いたビジネスを行っている事業者はコンプライアンス対応を行う必要があります。PIPLには権利行使対応の期限や越境移転に利用する標準契約など、現時点でまだ詳細が定まっていない要素が多くありますが、個人情報マネジメントシステムの構築は可能です。すべての情報がそろうのを待つのではなく、現在入手可能な情報をもとにできる対応を、順次行うことが大切です。

企業の担当者が一番よく悩むのは従業員情報の扱いです。結論から言えば、従業員情報に対するコンプライアンス対応もできるだけ推進したほうがよいでしょう。従業員情報そのものの個人情報リスクは消費者情報や重要データに比べると高くはないのですが、不満を持った従業員が退社した場合に当局に通報するというリスクも考えなければなりません。従業員を疑うのは気持ちのいい行為ではありませんが、コンプライアンス対応上は、最も悪い結果を想定した上で必要な対応を決定することが重要です。

Q5 PIPLでもGDPRと同様、代理人が必要なのですか？

A5 必要です。PIPLの域外適用を受ける事業者は、中国国内に専門機関または代表者を指名し、個人情報保護に関する事務を処理させる必要がある他、関連機関の名称および代表者氏名、連絡先を個人情報保護担当部門に報告しなければなりません。

解説

ある国や地域の外にいる者に対しても法律が適用されることを「域外適用」と言います。中国に所在する個人の個人情報を日本で処理する場合、日本の組織が行う個人情報処理にはPIPLが適用されるという考え方です。データはネットワークを通じて自由に移動するため、移転先でも移動元の国や地域と同じ法律を適用します。

　PIPLの域外適用を受ける組織は、中国国内に「専門機関または代表者を指名し、個人情報保護に関する事務を処理させ、関連機関の名称および代表者氏名、連絡先を個人情報保護担当部門に報告」する義務があります（PIPL第53条）。国外の組織を取り締まるのは容易ではありませんが、PIPL第42条では「国外の組織または個人が、中国国民の個人情報に関する権利と利益を侵害し、あるいは中国の国家安全または公共の利益を危険にさらす個人情報処理活動を行った場合、国家ネットワーク情報部門は、それらの者を個人情報提供制限・禁止リストに含め、公表し、それらの者への個人情報提供を制限・禁止するなどの措置をとることができる」とし、データ通信の遮断を行う可能性を明記しています。実際に通信が遮断されて中国からの発注情報が届かなくなってしまったという事例もあるため、域外適用を受ける場合にも、確実にコンプライアンス対応を行う必要があると認識してください。

組織のとるべき対策

　中国を対象として越境ECやインバウンドなどの越境サービスを提供している企業は、中国に拠点がなくてもすみやかにコンプライアンス対応を行うべきです。具体的には、中国国内における「専門機関または代表者」の指名と届け出、個人情報処理に関する情報の整理、および適切なプライバシーノーティスの掲示が必要です。ウェブサイトやアプリを用いてビジネスをしている場合は、意思決定の透明性と結果の公正性、公平性を確保しなければならず、取引価格などの取引条件について不合理な差別的待遇を行わないこと、プッシュ通知や広告の掲示では個人の特性を対象としない選択肢を同時に提供するか、または個人が簡単に拒否できる方法を提供すること、個人に対して意思決定の結果について「説明を求める権利」を提供し、また自動化した意思決定の手段のみによってなされた意思決定を拒否する権利を提供することが求められます（PIPL第24条）。なお、Q3でも少し触れましたが、「互联网信息服务算法推荐管理规定」にはより詳細なルールが規定されているので、併せて確認してください。

Q6 個人情報とはどのような情報を指しますか？

A6 PIPLにおける個人情報とは、電子データに限らず何らかの方法で記録され、識別可能な個人に関するあらゆる種類の情報です。ただし、匿名化の処理をされた情報は除きます。

解説

中国における個人情報は、「電子的またはその他の方法で記録された、識別された、または識別可能な自然人に関するあらゆる種類の情報であり、匿名化処理後の情報を除く」と定義され、個人を識別できる、または識別する可能性のある、あらゆる情報を指します（PIPL第4条）。

国家標準である「GB/T 35273-2020 個人情報安全規範」3.1項では、「個人情報の管理者が個人情報やその他の情報、たとえばユーザープロファイルや特性タグなど、特定の自然人を識別できる、あるいは特定の自然人の活動を反映できる情報を単独で、あるいは他の情報と組み合わせて処理することにより形成される情報は個人情報である」と補足しています。この説明から、中国における個人情報はIPアドレスやオンライン上の識別子も含まれると判断できます。

また、技術的処理を施すことで個人を特定することや個人と関連付けることができないようにし、かつ復元できないようにした匿名化情報は個人情報とみなされません（PIPL第73条（4））[12]。

なお、GDPRで導入された「仮名化」（pseudonymisation）という用語は中国のPIPLには出てきません。その代わり、「非識別化」という用語が用いられており、「個人情報を処理して、追加情報の助けを借りなければ特定の自然人を識別できないようにするプロセス」（PIPL第73条（3））として定義されています。非識別化については「GB/T 37964-2019 个人信息去标识化指南」（個人情報の非識別化に関するガイドライン）が用意されており、

---

[12] ただし、現在の技術では厳密な意味で個人情報を匿名化することは非常に難しいと考えられていることが多いため、個人情報由来のデータはすべて個人情報として取り扱うほうがよさそうです。

ここで個人情報の非識別化を行う方法や仮名化についての指針も示されています。中国において個人情報を非識別化する際には参照してください。

組織のとるべき対策

　PIPLにおける個人情報の定義は、GDPRと同様、非常に広い定義となっています。個人が「連想」される場合についても個人情報と定められていますので、できるだけ広義で個人情報をとらえるようにしてください[13]。

Q7 個人情報処理とは何を指しますか?

A7　個人情報の「処理」とは、個人情報に対して行うあらゆる行為を指します。処理という用語が指す行為の幅は広く、たとえばパソコン上で表示して閲覧するだけでも個人情報処理とみなされます。具体的には、個人情報の取得、保管、使用、処理、送信、提供、開示、削除などが該当します。

解説

　個人情報処理は「個人情報に対して行うあらゆる行為」であり、PIPL第4条では、具体的に個人情報の取得、保管、使用、処理、送信、提供、開示、削除などの行為が示されています。このように、個人情報処理の定義は非常に広いため、意図せず個人情報処理を行っているということがしばしばあります。たとえば、日本本社から中国支社の人事システムを閲覧している場合、これは中国個人情報の「処理」と整理されます。したがって、日本本社であってもこの個人情報に関してはPIPLに準拠して取り扱わなければならないことになります。

　もう1点、処理に関連して注意しておきたいのは、ウェブサイトなど、

---

[13] 日本法ではIPアドレスやCookie情報を個人情報とみなしていないため、認識のギャップが生じやすい部分となっています。

ユーザーにオンラインサービスを提供しているケースです。オンラインサービスは世界中からアクセス可能であるため、世界中の個人情報保護法に対応しなければならない可能性があります。たとえばユーザーが中国からサービスにアクセスすると、オンラインサービスを提供している企業は中国の個人情報を気づかないうちに「処理」しており、理論上はPIPLのコンプライアンス対応を行う必要が生じます。しかし、この考え方に従うと世界各国の個人情報保護法対応が必要となることになり、現実的ではありません。

こういった状況への防衛策として一般にとられる方法は、サービスの対象地域を明確化するというものです。物品を配送するサービスであれば、配送対象地域を特定することでサービスの対象地域を特定できます。ゲームなど無形サービスを提供している場合は、支払通貨を限定することでサービス対象地域を明確化できます。また、利用規約上にサービス提供の対象地域を明文化するという方法もとることができます。どのような方法をとるにせよ、サービスの対象地域を限定することで、対応すべき個人情報保護法の範囲を限定することが必要となります。

上記対策をした上で、意図せず処理してしまった諸外国の個人情報については、適切な安全管理措置のもと安全に管理するという対応を行っておけばよいでしょう。

組織のとるべき対策

企業は中国の個人情報を「処理」している状況を正しく把握するようにしてください。IPアドレスやデバイス情報など、一見して個人が特定できない情報であってもPIPLでは個人情報と分類され、これらに対する処理はPIPLコンプライアンス対応の対象となります。オンラインゲームなど、さまざまな国のユーザーが意図せず利用している場合は、「解説」で紹介したような、サービス対象地域を明確化する措置（たとえばIPアドレスによるアクセスの制限）を取ることを推奨します。

Q8 PIPLにもGDPRのような管理者や処理者という概念はありますか？

A8 PIPLにはGDPRでいう「処理者」の概念はありませんが、「管理者」に該当する用語として「個人情報処理を行う者」が定義されています。

解説

　一般に個人情報保護に関する法規制を理解するには、個人情報保護に関与するステークホルダーを理解することが重要です。ステークホルダーには「データ主体」「管理者」「処理者」「監督機関」の4者がいます（**図5.2**）。

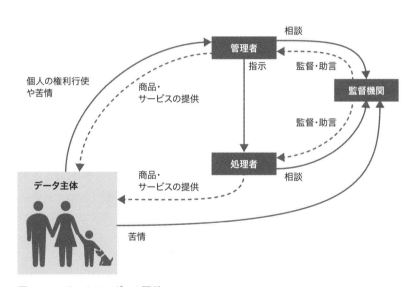

図5.2　ステークホルダーの関係

　データ主体とは生きている個人を指します。個人は個人情報を管理者に提供し、管理者から商品、サービスの提供を受けます。データ主体は管理者に対して権利行使を行うことや、管理者や監督機関に対して苦情を申し立てることができます。

　管理者とは、個人情報処理の目的と方法を決定する存在を指します。管理者は、個人である場合も組織である場合もあります。データ主体から個人情報を預かり、組織の目的を達成するために処理を行います。個人情報処理に対する責任は原則、管理者が負います。

　処理者とは、管理者に代わって個人情報処理を行う者で、管理者の指示どおりの個人情報処理を行う者を指します。処理者も管理者同様、個人である場合も組織である場合もあります。処理者は管理者から委託された処理を無断で変更することはできません。また、管理者から委託された処理を再委託する際には、委託元である管理者の同意がなければなりません。処理者は、管理者から委託された処理の範囲内においてのみ、個人情報処理に責任を負います。

　監督機関とは、管理者や処理者のコンプライアンス状況を監督する存在です。監督機関は管理者や処理者を監督する他、法規制についてのガイドラインを出したり、管理者や処理者の相談に応じたりします。

　PIPL第73条では「管理者」に該当する用語として「個人情報処理を行う者」（个人信息处理者）が用いられ、「個人情報を処理する活動において、処理の目的および方法を自律的に決定する組織または個人のこと」と定義しています（PIPL第73条）[14]。PIPLには「処理者」という言葉は出てきません。しかし、委託に関する規定で「受託者」（受托人）という言葉が用いられており、「処理者」に対する要求事項が課されています（PIPL第21条、59条）。また、「データ主体」は「自然人」という言葉で表現されています[15]。

　中国の「監督機関」は、国家网信部門（国家インターネット部門）を頂点に、その下に国務院有关部門（国務院の関連部門）および县級以上地方人民政府有关部門（県レベル以上の地方人民政府の関連部門）が用意され、各階層に応じた監督・管理を行うこととなっています（**図5.3**）。

---

[14]「GB/T 35273-2020 个人信息安全规范」では「个人信息控制者」（Personal Information Controller）という言葉を利用し、ISOで使用されている用語に合わせています。

[15]「GB/T 35273-2020 个人信息安全规范」では「个人信息主体」（Personal Information Subject）という言葉を利用しており、こちらもISOで使用されている用語に合わせています。

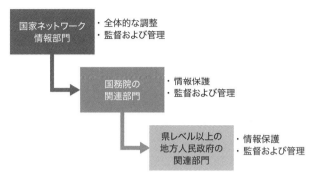

図5.3　監督機関の関係

組織のとるべき対策

　コンプライアンス対応を行うに際し、事業者は自分たちが行う個人情報処理について管理者となるのか処理者となるのかを把握してください。個人情報処理の目的と方法を決定している場合は管理者となり、取引先から渡された個人情報を取引先の指示どおりに処理している場合は処理者となります。一般に、SaaSサービスを提供している場合は処理者となり、SaaSサービスを利用している場合は管理者となります。ただし、SaaSサービスを提供している事業者であっても、自社で取得するユーザー管理情報については管理者となります。

　管理者であるか処理者であるかの判断は、その後のコンプライアンス対応に大きく影響を与えるため、専門家の助言を受けながら整理するとよいでしょう。

Q9 PIPLにおけるセンシティブな個人情報とはどのようなものですか？

A9 　PIPLは、生体識別情報、宗教的信条、特定のアイデンティティ、位置のトラッキング情報など、漏洩や不正利用の結果、容易に個人の権利や利益を侵害するおそれのある個人情報をセンシティブな個人情報と定めています。

解説

　個人情報の中には、漏洩や不正利用されると個人に重大な負の影響を及ぼす可能性があるものがあります。こういった情報はセンシティブな個人情報として、通常の個人情報よりも注意して扱わなければなりません。

　PIPL第28条では、センシティブな個人情報を「ひとたび漏洩したり不正利用されたりした場合に、容易に自然人の人間としての尊厳を侵害したり、人身や財産の安全を脅かしたりする可能性のある個人情報」と定義しており、具体例として、生体識別情報、宗教的信条、特定のアイデンティティ、医療健康情報、金融口座情報、位置のトラッキング情報などを挙げています。このように、PIPLにおけるセンシティブな個人情報には金融口座情報および個人のロケーションデータが含まれており、その定義は欧州の定義と米国の定義を併せたようなものとなっています。その一方で、GDPRが規定するような犯罪履歴に関する個人情報はセンシティブな個人情報に含まれていません。

　またPIPLでは、センシティブな個人情報に未成年者の個人情報を含めるという措置をとっています。中国に限らず、未成年は自身の個人情報処理がもたらす結果について十分な判断を行うことができないとみなされ、その個人情報は取り扱いに注意が必要な情報とされます。GDPRでは「特別カテゴリーの個人情報」には含めていないものの、条項を設けて特別な保護を要求しています。未成年者の脆弱性に鑑みれば、未成年者の個人情報をセンシティブな個人情報に分類する動きは歓迎すべきものといえます。なお、PIPL第31条では個人情報処理を行う者が未成年者の個人情報処理を行う場合には、「当該未成年者の父母、あるいはその他の保護者の同意を取得しなければならない」としている他、「個人情報処理に関する特別なルールを策定しなければならない」と追加的な保護措置を行うように要求しています。

　PIPLは、センシティブな情報の処理について「特定された目的と十分な必要性を具体的に有し、かつ厳格な保護措置がとられている場合に限り、センシティブな個人情報を処理してもよい」（PIPL第28条）と厳しい条件を付けています。また、「センシティブな個人情報の処理については、個人

の単独同意を得なければならない」（PIPL第29条）とし、本人から個別的に同意を取得した場合にのみ処理できるという条件も付けています。

さらにPIPL第30条では、「個人情報処理を行う者がセンシティブな個人情報を処理するとき、本法の規定により本人に通知することができない場合を除き、本法律第17条第1項に定める事項に加えて、センシティブな個人情報を処理する必要性および個人の権利・利益に及ぼす影響を個人に通知しなければならない」と規定しています。センシティブな個人情報の処理については、別途、処理の目的と必要性、そのセンシティブな個人情報処理がどのような影響を及ぼすかについて通知する義務を課しています。

組織のとるべき対策

事業者は、扱う個人情報についてセンシティブな情報が含まれていないかを確認し、もし含まれる場合はその他の個人情報と分離して管理する必要があります。その上で取り扱いやアクセス権を調整するなど、センシティブな情報については追加の保護措置を施さなければなりません。

また、取得時に処理目的や処理に伴うリスクをPIPLの要件に従ってプライバシーノーティスで正しく通知しているか、単独同意は正確に記録し、いつでも確認可能かといった点もチェックし、不足している部分については必要な対応をとらなければなりません。特に同意管理では、個別的な同意の証跡を残すことができる仕組みが必要となります。ユーザー数が膨大となるのであれば、同意管理ツールを導入する、あるいは個人情報を管理可能なポータルをユーザーに対して提供することで同意管理をシステム経由で行えるようにする必要が生じます。

Q10 PIPLにも共同管理者という概念はありますか?

A10 PIPLにも共同管理者という概念はあります。複数の個人情報処理を行う者が、共同で個人情報処理の目的および処理方法を決定する場合には、それぞれの権利および義務について合意しなければなりません。また、共同して個人情報処理を行い、個人情報の権利・利益を侵害して損害を与えた場合は連帯して責任を負わなければなりません。

解説

　共同管理者とは、個人情報処理を共同して企画し、実施する当事者を指します。たとえば共同ブランドで製品を開発し、それぞれの見込み客リストや顧客リストを活用して合同キャンペーンを展開する場合が該当します。その他、欧州の有名な判決ではFacebookの「いいね」ボタンの設置は、ウェブサイトの運営者とFacebook（現Meta）が共同管理者となると判断されています。GoogleアカウントやLINEアカウントを利用して他の会社の会員サイトにログインする場合も、GoogleやLINEと会員サイトの運営者は共同管理者とみなされます。

　共同管理者となる各事業者は、個人情報を取得する目的と手段、個人情報処理におけるそれぞれの役割と責任を文書化しておく必要があります。しかし、共同で個人情報処理を行うのは事業者側の都合であり、個人から見ればその区別はつかないことに鑑みると、共同管理者は個人から当該処理について自身の責任範囲外の問い合わせを受けたとしても誠実に対応する義務があります。個人情報保護ではあくまでも個人を中心に据えなければなりません。

　「GB/T 35273-2020 个人信息安全规范」9.6項にも、簡潔なものですが共同管理者についての規定があります。それによると次の対応が求められます。

- 共同管理者は契約を締結すること
- 個人情報に対する安全管理措置について共同で決定すること
- 個人情報の安全性についての当事者間の責任と義務を明確にすること
- 当事者のそれぞれの義務などについて個人に対して通知すること

　また、ウェブサイトに関しては、サードパーティが提供する統計解析ツール、SDK、APIを利用している場合、ウェブサイトの運営者とサードパーティは共同管理者と位置付けられることが明記されています。特にサードパーティが提供するツールについては、意図せず共同管理者になっているケースがあるはずなので、当該サードパーティの個人情報処理について正しく理解する必要があります。

組織のとるべき対策

　PIPLにおける共同管理者の考え方はGDPRのそれとほぼ同等です。共同管理者という概念は、責任分担が複雑になりがちなので少々わかりづらいのですが、自分たちが管理者か処理者かを分類する際に、「処理の目的と手段」を誰が決めているかという視点から整理するとよいでしょう。

　サードパーティの中には利用者から取得したデータを再販するなど、データの利用に非常に積極的なベンダーもあります。こういったベンダーと契約を行う際には、責任分岐点とそれぞれの役割を明確にしてから利用を開始しないと思わぬコンプライアンスリスクを負うことになりかねません。ベンダーとの契約時には、特に個人情報処理に関する契約内容に注意を払うようにしてください。

5.5 PIPLの基本：処理の原則と同意

Q11 PIPLにはGDPRのように重視すべき原則があるのでしょうか？

A11 PIPLでは個人情報処理において、いくつか重要な原則を定めています。個人情報の処理は適法性、正当性、必要性、誠実性の原則に従うこと、明確で合理的な目的を持つこと、個人の権利・利益に与える影響が最小となる方法で行うこと、公開性、透明性の原則に従うことなどが規定されています。個人情報のセキュリティを保障する必要もあります。

解説

個人情報保護の原則は、個人情報の取得と利用に関する基本的なガイドラインであり、個人情報保護のための具体的なルールを構築するための制度上の基礎となるものです。個人情報処理の原則は国際的なデータ流通にも影響を与えるため、各国はFIP（Fair Information Practices）、OECDガイドライン、APECプライバシーフレームワークなどの国際的なフレームワークを参照しつつ、自国の実情に沿った原則を採用しています。

PIPLも同様のアプローチをとっています。PIPLで規定される処理の原則には、次のものがあります。

- 合法性、正当性、必要性、誠実性の原則に従うこと（PIPL第5条）
- 明確で合理的な目的を持ち、その目的に直接関連があること（PIPL第6条）
- 個人の権利・利益に最も影響を与えない方法を採用すること（PIPL第6条）
- 処理目的を達成するための最小限の範囲に限定すること（PIPL第6条）
- 公開性、透明性の原則に従い、処理のルールを開示すること（PIPL第7条）

- 個人情報の品質を確保すること（PIPL第8条）
- 個人情報の安全を保障するために必要な措置を採用すること（PIPL第9条）
- 不正処理を行わないこと（PIPL第10条）
- 国家の安全または公共の利益を危険にさらさないこと（PIPL第10条）
- 個人情報の保存期間は、処理の目的を達成するために必要な最小限の期間とすること（PIPL第19条）

　原則とは条文からルールを読み取れない場合に各組織がとるべき行動を考える上での方向性を示すもので、個人情報保護において最も重要なものと認識してください。

■PIPL第5条
　個人情報の処理は、法に基づき、正当な方法で行わなければなりません。個人を欺くような方法（たとえば会員情報を無断でデータブローカーに販売すること）や、ブラックマーケットなどで違法に入手するというような個人情報処理は許されません。
　個人情報処理を行うからには、その処理を行うための正当な理由（たとえば雇用の目的で従業員の就業管理を行うなど）が必要です。また、取り扱う情報はその処理に欠かせないものだけでなければなりません（たとえば商品の問い合わせを受け付けるために、問い合わせの際に名前とメールアドレスを取得するなど）。
　このPIPL第5条で示される原則は、社会における人としての常識に近いものがあります。個人情報は人の権利・利益に強く結び付くものであるため、日常生活での対人関係で大切なルールが個人情報保護においても重要となります。端的にいえば、「自分がされたら嫌だと思うことを人にしてはいけない」というのが基本方針です。個人情報保護対応とは、人を中心に据えた対応であることを覚えておきましょう。

■PIPL第6条

　個人情報処理には明確で合理的な目的が必要です。合理的な目的とは、たとえば商品を配送するために注文者の名前と居住先、または配送先情報を入手する、といったものです。同時に、個人情報処理は個人の権利・利益への影響が最も少ない方法で行われなければなりません。たとえば、監視カメラを設置する場合は公共のスペースが映り込まないようにする、会員登録する上でマーケティングメールの受信を必須としないなどの対応が必要です。さらに、監視カメラを設置する場合は映像のみを取得し音声を取得しないなど、取り扱いの目的を達成するために最小限の範囲に限定する必要があります。

　PIPL第6条で示されている指針は、裏を返せば、個人情報処理は「設計されたもの」（by design）である必要があるということです。GDPRで"Privacy by Design as Default Setting"（プライバシー・バイ・デザイン；デフォルト設定でのプライバシー保護）という考え方が知られるようになりましたが、個人情報保護の観点では「プライバシー・バイ・デザイン」の考え方がますます重要になっています。

■PIPL第7条

　個人情報処理を行う者は、公開性と透明性の原則に従い、個人がアクセス可能な、よく目立つ場所にプライバシーノーティスを掲示する必要があります。

　日本でも医療分野で「インフォームドコンセント」という考え方が広く知られていますが、個人情報保護においても組織がどのように個人情報を保護しているのかを個人に知らせるための通知（プライバシーノーティス）が重要です。「通知と同意」を根拠に個人情報処理を行っている地域では特にそうです。

　通知も、契約書のような理解しにくい言葉遣いではなく、標準的なユーザーが理解できるような言葉遣いと表現で書くことが求められています。プライバシーノーティスは法的な文書として弁護士に起草を依頼することが多いと思いますが、最終的に伝わる文章とするためには組織の担当者が

表現を検討するべきでしょう。プライバシーノーティスは「組織」のために作るのではなく、個人情報を借り受ける「個人」のために作成するものであるということを忘れないようにしてください。ここでも、個人を中心とした考え方が重要です。

■PIPL第8条

組織は、定期的にアカウント情報を確認する、ユーザーに自身の情報の修正、訂正を行う方法を提供することで個人情報の正確性と完全性を確保する必要もあります。

不正確な個人情報は、ときに個人に著しい不利益をもたらします。データ漏洩がもとで個人のクレジットカードが悪用され信用評価が棄損した場合、正しい情報に更新されないと、たとえばローンが通らない、会員となる資格を得られないなど個人に不利益をもたらす可能性があります。このようなことが生じないよう、組織は個人情報の品質が正当なものであること、個人情報の正確性と完全性を担保しなければなりません。

■PIPL第9条

個人情報の安全性を保障するための安全管理策の実施も重要です。組織は、中国国内に拠点がある場合はサイバーセキュリティ法の等級保護で規定されるセキュリティ対策を実装する必要があります。また、中国国外で個人情報処理を行っている場合は、中国データ関連の法律が要求するレベルで個人情報の安全性を守るために必要な措置を講じなければなりません。

■PIPL第10条

最近はフェイクニュースについての報道も増えてきました。情報は必ずしも正しいとは限りません。イデオロギー上の理由などから悪意を持って曲解された情報が拡散されることもあります。デジタル化が進んだ現代は、このような情報操作がより簡単に行えるようになっています。PIPLは、個人情報を違法に取得・利用・加工すること、他者の個人情報を無断で売買・提供・開示することを禁じるとともに、「国家の安全または公共の利益を危

険にさらす個人情報処理活動を行ってはならない」として、こういった行
為に一定の歯止めをかけています[16]。

■PIPL第19条

　不要になった個人情報はすみやかに削除・破壊することが重要です。不
要なデータを持ち続けることは、データ漏洩リスクやデータ品質の劣化を
もたらすことになるため、データは積極的にクリーンアップするべきでしょ
う。PIPL第19条は「個人情報の保管期間は、処理の目的を達成するために
必要な最小限の期間としなければならない」と定めています。個人情報処
理を設計する際は、あらかじめ個人情報の保管期間を定めるようにしてく
ださい。

組織のとるべき対策

　中国で個人情報処理を行う事業者は、コンプライアンス評価を実施する
中で自身の個人情報処理が原則に則ったものであることを確認しなければ
なりません。原則に則ったものであるとする判断には、確認可能な根拠を
明確に記録する必要があります。

　PIPLに記載されている原則は常に考慮すべきものとなるため、各事業者
のプライバシーポリシー（社内向けに用意された個人情報取扱規定）にも
反映しておくことを推奨します。複数の法域で事業活動を展開している場
合は、最上位のプライバシーポリシーで、できるだけ網羅的に各国の法規
制で選択されている原則を規定しておくことが望ましいです。

　個人情報処理の原則は、個人情報処理に方向付けを行い、適切なバラン
スをもたらすものです。具体的な対応策は事業者にゆだねられるため、事
業者としての個人情報保護に対する姿勢が表れるところとなります。一般
消費者に対してサービスを提供している場合は、ここで積極的な姿勢を提
示することで他社との差別化要因とすることも可能です。事業者内のプラ
イバシーの責任者は、マーケティング担当部門や経営幹部と協力しながら、

---

[16]「互联网信息服务算法推荐管理规定」の第13条ではフェイクニュース対策として「インターネットニュー
ス情報サービスライセンス」を新たに設定しています。

市場に適切なメッセージを発信するよう注意するとよいでしょう。

 中国で個人情報処理を行う場合は必ず同意が必要 ですか？

A12 PIPLでは同意以外にも個人情報処理を合法的に行うことができる 状況が規定されています。これらの状況が合致する場合は個人から の同意を取得する必要はありません。

解説

　個人情報処理において「通知と同意」（notice & consent）を軸とすると いう姿勢はインフォームドコンセント（Informed Consent）の概念ととも に中国をはじめ、世界各国で広く取り入れられてきました。しかし、私た ちの日常を振り返ると、同意が形式的なものになってしまっていることに 気付くのではないでしょうか。現実世界では同意をする個人が何に同意し ているのか正確に理解していないという状況が慢性的に発生しています[17]。

　欧州では1995年に成立した「データ保護指令」から、個人情報処理の根 拠として同意以外のものが用意されてきました。同意以外の選択肢を提示 することで、組織は柔軟に個人情報処理を行えるようになり、個人に対し てもより合理的かつ現実的な説明を行うことができるようになりました。 中国も民法典以降、インフォームドコンセント以外に個人情報処理を合法 的に行うことができる状況を規定するという方針に変更しています。今回 のPIPLでこの方針はさらに明確になりました。現実的な判断を優先する中 国の合理性が伺えます。

　PIPLで、個人情報処理を合法的に行うことができる状況として用意され たものには、次のものがあります。

---

[17] このような状況を英語では "Consent Fatigue"（同意疲れ）と呼ぶことがあります。

- 本人の同意が得られている場合
- 本人が当事者となっている契約の締結・履行のため、または法で定められた労働規則や法に基づいて締結された労働協約に従った人事管理を行うために必要な場合
- 法律上の義務または法的義務の履行のために必要な場合
- 公衆衛生上の緊急事態に対処するため、または緊急時において自然人の生命、健康、財産を保護するために必要な場合
- 公共の利益のためにニュース報道や世論調査などを行うことを目的とした、合理的な範囲内での個人情報の処理である場合
- 本人が自ら公開している個人情報、またはその他、すでに合法的に公開されている個人情報を本法のルールに従い、合理的な範囲内で処理する場合
- その他、法律や行政法規で定められた場合

　2つ目の「法で定められた労働規則や法に基づいて締結された労働協約に従った人事管理を行うために必要な場合」は、パワーバランスが不均衡となる労使関係では有効な「同意」が成立しないことから設けられました。組織は従業員情報の処理について合理的な個人情報処理の根拠を持つことができるようになるとともに、「労働協約に従った、人事管理上必要な情報処理」以外の処理を禁止するという制約を受けることとなります。

　このように、合法的に個人情報処理を行う根拠を「適法根拠」と呼びますが、PIPLとGDPRとの違いは、組織の「正当な利益に基づいた個人情報処理」という適法根拠がPIPLには用意されていないことです。GDPRでは「バランシングテスト」[18]を実施することによって「正当性」を測定し担保しますが、「正当な利益」であるかどうかは恣意的に判断される余地があるのも事実です。PIPLが適法根拠として正当な利益を認めなかった背景には、こういった事情があるのかもしれません。

---

[18] 組織が個人情報処理の適法根拠として「正当な利益」を選択した場合、組織にとっての「正当な利益」と個人の権利、利益、自由とを比較して、組織が行う個人情報処理が本当に個人の権利、利益、自由を侵害していないことを確認するためのプロセスのことです。

　同意以外の適法根拠がある場合は同意を取得する必要はありません。組織は、自分たちが行っている個人情報処理について、どのような適法根拠を持っているのか整理しておくとよいでしょう。通常、この整理はデータマッピングを行う中で実施、記録されます。

　事業者は、中国の個人情報についてデータマッピングを改めて行い、自分たちが行っている個人情報処理について適法根拠を特定する作業を行わなければなりません。この作業は、個人情報保護についての知識を持つ専門家とともに実施するとよいでしょう。適法根拠には正解はありません。重要なのは組織内でコンセンサスを形成することです。個人情報処理に関与する当事者でディスカッションをしながら、最も妥当と考えられる適法根拠を選択すればよいでしょう。

　データマッピングは少なくとも年に一度は見直し、内容に変更がないか、追加された個人情報処理がないかを確認し、常に最新の情報を把握できるようにしてください。個人情報保護対応で最も重要なのはアカウンタビリティ（説明責任）です。裏を返せば、説明ができないようなことはしてはならない、ということです。

　余談ですが、「説明できればなんでもよい」と居直る事業者がいることも事実です。裏には倫理観に欠けた専門家の助言もあるようです。しかし、事業者の行う行動は社会に影響を及ぼします。事業者は自己中心的な判断を行う前に、その行動の結果、どのような影響を社会に及ぼすかについても考えを巡らせるべきでしょう。たとえば自分の子ども、兄弟、親が影響を受けた場合に、それが望ましい影響と思えるかどうかというのも、行動を選択する上で重要な指針の1つです。

　中国はアイドル育成番組に対して自粛を求めたり、大食い競争を禁止したり、国家が国民の価値観や倫理観へ積極的に介入を行う国です。中国の価値観に相容れない行為は取り締まりの対象となることは容易に想像がつくことです。アカウンタビリティという言葉に甘えることなく、社会的に責任のある存在として、誠実に適法根拠を選択することも重要です。

Q13 PIPLにおける同意の要件はどのようなものですか?

A13 　PIPLでは「同意は、十分な知識に基づき、本人が自発的かつ明示的に行わなければならない」など、複数の要件を定めています。また、同意の撤回は可能であり、同意を条件にした商品・サービスの提供はできないとしています。

解説

　PIPLでは、同意の要件についてGDPRとほぼ同等の要件が設定されています。PIPLによると、同意が有効となるためには次の条件を満たさなければなりません。

- 個人が十分な情報提供を受けていること（PIPL第14条）
- 個人が自発的に明確な同意の意思表示を行うこと（PIPL第14条）
- 同意は容易に撤回可能であること（PIPL第15条）
- 商品・サービスの提供に個人情報処理が必要な場合を除き、同意の撤回を理由に商品・サービスの提供を拒否しないこと（PIPL第16条）

　個人情報処理について同意を取得するには、個人が同意すべきかを判断できるように、十分な情報を提供します。また、目的を変更する場合、処理方法を変更する場合、処理する個人情報の種類を変更する場合には、継続して個人情報処理を行うことについて個人から再同意を取得しなければなりません（PIPL第14条）。

　個人情報処理に同意した個人が、同意後、気持ちが変わるということもあり得ます。個人情報処理を行う者は、同意に基づいて個人情報を処理する場合、同時に、容易に同意を撤回できる方法を個人に提供することで個人が自由に同意を変更できる環境を整備しておく必要があります。なお、同意は撤回可能ですが、個人が同意を撤回する前に行った個人情報処理は無効になりません（PIPL第15条）。

個人情報の使用が本質的に不可欠な場合（たとえば商品を配送するために住所と氏名、電話番号が必要であるなど）を除き、同意を必須として商品・サービスの提供を行うことは許可されないと考えたほうがよいでしょう。メールマガジンの購読に同意しないという理由は商品・サービスを提供しない合理的な理由とは認められません。また、個人が同意を撤回したからといって、商品・サービスの提供を拒否することも禁じられています（PIPL第16条）。

未成年者の同意の取り扱いについても注意が必要です。未成年者は大人と比べて十分判断を行うことができない可能性があるため、追加の保護措置が用意されています。同意を根拠に14歳未満の子どもの個人情報処理を実施する場合、個人情報処理を行う者は当該の子どもの父母、あるいはその他の保護者から同意を取得することが必要です（PIPL第31条）。父母の同意、あるいはその他の保護者からの同意については、本当に当該の子どもの父母あるいは保護者なのかの確認も必要となります。また、同意の証跡として、同意取得の事実とその経緯（どのような方法で同意を取得したのか、本人確認をどのように行ったのかなど）を記録しておく必要があります。未成年の個人情報はセンシティブな個人情報に分類されるため、個人情報処理については通知と個人情報保護影響評価の実施を含む、個人情報処理に関する特別なルールを策定することも定められています（PIPL第31条）。

組織のとるべき対策

同意についての考え方は、ここ数年で「オプトアウト（opt-out）」から「オプトイン（opt-in)」へと大きくシフトしました。オプトインとは個人が明確に同意の意思を示すことで、チェックボックスにチェックを入れる行為や署名によって同意を示す行為が該当します。オプトアウトとは、従来広く利用されてきた「みなし同意」で、否定しなかったら同意しているとみなす行為です。チェックボックスにあらかじめチェックを入れて同意を確認する行為、デフォルト状態で同意を想定する行為はオプトアウトに該当します。オプトアウトは今後受け入れられにくくなっていくと認識したほ

うがよいでしょう。特に、グローバル対応をする際は、原則オプトインでの同意取得に切り替えるようにしてください。

PIPLで規定されている同意の要件を読むと、個人情報保護における基本的な姿勢は「個人情報とは個人から事業者が借り受けているものである」ことがわかります。「借りもの」だからこそ丁寧な説明をする必要があり、個人に対して自由な選択を提供する必要があるのです。事業活動を行っていると、つい自社の利益だけを追求しがちです。しかし、個人情報保護においてはその姿勢は時代の趨勢に逆行したものであり、却って自社の利益に負の影響を及ぼしかねません。組織は保有する個人情報を尊重する文化を組織内に醸成するよう努めなければなりません。

中国の個人情報を、同意を根拠として取得している場合は、適切な同意を取得していることを証明できるようにしておいてください。一般的には、社内ポリシーに「同意の取得」や「未成年の個人情報処理」という項目を用意するか、独立したポリシー文書を用意する形で対応することになるかと思います。文書に付属する記録として同意の記録（同意の取得日時、同意取得時に提示したプライバシーノーティスのバージョン、同意を取得した方法など）と、個人情報保護影響評価の結果も付記しておけば、個人情報処理に対するアカウンタビリティは果たすことができます。

過去に取得した個人情報で同意の記録が残されていない場合には、データマッピングをし直す中で適法根拠を見直し、同意以外の適法根拠に変更できるものは変更し、プライバシーノーティスで通知するようにします。同意を適法根拠としなければならないものについては、同意を取得し直すことを検討するとよいでしょう。

サービス設計にも注意が必要です。サービス設計時にはプライバシー・バイ・デザインの考え方に則って、個人に同意を強要した設計とならないようチェックできるプロセスを含めてください。具体的には、サービス設計時に個人情報保護の責任者がレビューするというステップを追加する必要があります。個人情報保護の責任者は、同意の撤回方法が同意の取得方法と同等の方法で行えること、その方法が個人にとって利用しやすいものであることも同時に確認しなければなりません。

なお「GB/T 35273-2020 个人信息安全规范」5.4項でも、個人情報取得に際する同意の取り方が規定されています。「GB/T 35273-2020 个人信息安全规范」附属書Cでは規格に則った同意の取得の方法やインターフェイスの設計の例についても言及されているため、併せて参照しておくとよいでしょう。

Q14 PIPLで規定されている「単独同意」とはどのようなもので、いつ要求されますか?

A14 単独同意とは個別的な同意という意味で、PIPLでは、一般にプライバシーリスクが高まる処理が行われる場合に単独同意の取得が求められます。その狙いは、個人が確実に処理を認識し、そのリスクを判断できるよう個別に同意を取得することにあると考えられます。単独同意が求められるのは、具体的には個人情報を第三者に提供する場合、個人情報を開示する場合、公共の場で監視を行う場合、センシティブな個人情報を処理する場合、個人情報の越境移転を行う場合です。

解説

PIPLには「単独同意」という言葉が出てきます。これはGDPRの"explicit consent"（明確な同意）に近い概念ととらえてよいでしょう。私たちは日常のさまざまな場面で同意を行いますが、プライバシーノーティスや利用規約に同意するなど、その多くは複数の項目に対して一括で同意させるものとなっています。そのため、何に同意しているのか意識しないまま同意しているケースが多くあり、有効な同意が行われているかが疑わしい状態となっています。

単独同意という考え方は、このような状況に対応するために用意された要件と考えられます。個人情報処理によってもたらされる個人の権利、利益へのリスクが通常よりも高まると考えられる場面では、それらの処理に対して個別に同意を取得するように促すことで、個人が、自身の個人情報

処理に対してより意識的な同意ができる状況を作ろうということです。

　PIPLで、個人情報処理を行う者が単独同意を得ることを求められるのは、具体的には次の場面です。

- 個人情報を第三者に提供する場合（PIPL第23条）
- 個人情報を開示する場合（PIPL第25条）
- 公共の場で監視を行う場合（PIPL第26条）
- センシティブな個人情報を処理する場合（PIPL第29条）
- 個人情報の越境移転を行う場合（PIPL第39条）

　単独同意は、従来の同意よりも一歩踏み込んだ同意です。個人情報処理を行う者は、単独同意を取得する際には項目を別にして1つずつ同意を取得するのが望ましいと判断されます。ただ、現実問題としては悩ましいところです。たとえば、1つの個人情報処理の中で、第三者への提供が行われる場合、センシティブな個人情報が含まれる場合、越境移転が行われる場合と、個別の同意取得を3回繰り返すことでユーザビリティが落ちてしまう可能性もあります。個人の権利を尊重することでユーザーに「同意疲れ」を生じさせるのも考えものです。このような場合には、個人に対しより細かい選択を行う権利を残しつつ、単独同意を取得すべき項目についてハイライトをした上で、一括で同意を取得するという方法も検討する余地があるように思います。

組織のとるべき対策

　事業者は、実際に単独同意を取得したと示すことができるよう、単独同意の記録を残す必要があります。たとえば、いつ同意をしたのか、同意を取得する際に提示したプライバシーノーティス、同意の取得方法（個人がオプトインでチェックを入れたのか、口頭で同意を得たのか、署名を行ったのか）などを記録し、最新の状況に保つことができるようにしておいてください。同一の個人であっても、Aという処理には同意したがBという処理には同意していないというケースが生じることも予想されます。事業者

は同意した処理と同意していない処理とを切り分けられるようにフレキシブルな処理設計を行う必要があるでしょう。

　オンライン上で取得した個人情報について単独同意を取得し、きめの細かい同意管理を行うには同意管理プラットフォームを構築し、ユーザーID を特定した上で管理するしか方法がなさそうです。

5.6 PIPLへの対応：透明性とアカウンタビリティ

Q15 PIPLではプライバシーノーティスでどのような内容を記載するよう規定されていますか？

A15 プライバシーノーティスには（1）個人情報処理を行う者の名称または氏名と連絡先、（2）個人情報処理の目的、処理の方法、処理される個人情報の種類、保存期間、（3）個人が権利を行使するための方法および手続き、の3点を正確かつ完全な形で記載するようPIPLは規定しています。

解説

　プライバシーノーティスとは、管理者が実施する個人情報処理を個人に対して説明するためのツールのことです。大切な個人情報を借り受ける管理者が個人に対して説明責任を果たすためにとても重要なものです。管理者はあくまで個人情報を個人から「借り受ける」存在なので、丁寧かつ正確な説明を行わなければなりません。プライバシーノーティスの重要性は法域に関係なく高まっています。欧州ではWhatsAppに対してプライバシーノーティスの不備を主な理由として約290億円もの制裁金が科された事例があります。

　PIPLでもプライバシーノーティスは重要です。プライバシーノーティスは目立つ方法で、わかりやすい言葉を用いて、正確かつ完全な形で個人に通知しなければなりません。通知すべき内容として、個人情報処理を行う者の名称または氏名と連絡先、個人情報処理の目的、処理の方法、処理される個人情報の種類、保存期間、個人が本法で規定される権利を行使するための方法および手続きが規定されています。この他、第三者提供を行う場合（PIPL第23条）、センシティブな個人情報を処理する場合（PIPL第30

条）、越境移転を行う場合（PIPL第39条）には、当該処理についての情報プライバシーノーティスに含む必要があります。

　特に、センシティブな個人情報の処理と越境移転については、通知すべき項目が追加で規定されているので注意してください。センシティブな個人情報の処理にあたっては必要性とその処理によって個人の権利・利益にどのような影響が及ぼされるかについて説明する必要があります。越境移転に関しては、中国国外の受領者の名称または氏名、受領者への連絡方法、処理目的、処理方法、越境移転する個人情報の種類、国外の受領者に対して権利行使を行うための方法とその手続きを個人に通知する必要があります。

　通常の個人情報処理とは異なるケースで通知が必要となることがあります。たとえば、合併、分割、解散、破産宣告などにより個人情報処理を行う者が個人情報を移転する必要がある場合には、受領者の名称または氏名および連絡先を個人に通知しなければなりません。この際、新たに個人情報を受け取る者は、元の個人情報処理を行う者に課されていた個人情報処理に関する義務を引き続き履行しなければなりません。また受領後、受領者側が個人情報処理の目的を新たに設定する場合や、従来の個人情報処理の目的を変更する場合には、個人から再び同意を取得しなければなりません（PIPL第22条）。

　個人情報処理を行う場合であっても、プライバシーノーティスを提供する必要がないケースが2つあります。1つ目は、法令または行政法規で守秘義務が定められている場合です。犯罪の調査など、通知することによって当初の目的が阻害されてしまう場合です。2つ目は、緊急時において自然人の生命、健康、財産の安全を守るために時間内に通知できない場合です。この場合は、緊急事態が解消された後、すみやかに個人に対して通知を行うよう求められています（PIPL第18条）。

　プライバシーノーティスは個人情報処理を実施する前に個人に提示しなければなりません。また、以前提示していた個人情報処理の目的や方法などに変更があった場合はその変更について個人に通知する必要があります。

組織のとるべき対策

　プライバシーノーティスについては、PIPLにある程度の指針が示されていますが、「GB/T 35273-2020 个人信息安全规范」5.5項にはさらに詳細な指針が示されています。「GB/T 35273-2020 个人信息安全规范」附属書Dにはプライバシーノーティスの例も示されています。事業者は、これらを参考に中国市場に向けたプライバシーノーティスを作成してください。

Q16 外部委託についてPIPLで定められているルールを教えてください

A16 　個人情報処理を外部委託する際は、受託者と契約を行い、委託する処理の目的、期間、処理方法、委託する個人情報の種類、委託する個人情報に対する保護措置、委託元と委託先の権利と義務について明確化しなければなりません。また、委託元は受託者を監督する義務があります。受託者には、個人情報の安全性確保と委託元の義務の履行を支援することが義務付けられます。

解説

　組織はさまざまな外部委託先を活用して日々のオペレーションを行っています。外部委託先を活用することは組織活動の効率化をもたらしますが、セキュリティや個人情報保護の観点でのリスクを増大させます。外部委託先を活用する場合は、これらのリスクをできるだけ低減させなければなりません。

　個人情報保護に関する法規制は、外部委託によって生じる個人情報保護上のリスクを契約によって担保します。このことはPIPL第21条で規定されています。具体的に見ていきましょう。

　PIPL第21条では、まず委託先との契約とそこに含めるべき内容を規定しています。契約に含めるべき内容は「委託処理の目的、期間、処理方法、個人情報の種類、保護措置、双方の権利と義務」です。契約したら終わりではなく、契約後、委託元には委託先が契約内容を遵守していることを監

督する義務もあります。委託先を管理する際は委託先の責任者を把握し、年に一度以上監査を行う必要があります。

　個人情報処理を受託した組織は契約どおりの個人情報処理しか行ってはなりません。契約で定められた処理目的、処理方法を超えて個人情報処理を行うと、そのような処理に対して全面的な責任を負うことになります。また、委託業務が終了となった場合、あるいは契約が無効となった場合には、委託元に個人情報を返却、または削除しなければなりません。

　再委託については規定が置かれています。個人情報処理を受託した組織は、委託元に無断で別の組織に個人情報処理を再委託してはなりません。再委託を行う際は、必ず委託元に事前の承認を得てください。

　PIPL第21条に記載されているこのルールは、GDPRをはじめとする世界の個人情報保護関連法規で定められている内容に一致しています。「GB/T 35273-2020 个人信息安全规范」9.1項では、PIPLの要件に加えて委託先に対して個人情報安全影響評価を実施することも定めています。

　PIPL第59条では、個人情報処理を受託した組織に対し、「処理する個人情報の安全性を確保するために必要な措置を講じる必要がある」ことも規定されています。また、委託元がPIPLの「義務を履行することを支援する」ことも定めています。委託元は、処理者との契約にこれらの内容も含めておく必要があります。

組織のとるべき対策

　企業は委託先と締結するための「処理者契約」を用意する必要があります。処理者契約は委託元が用意してもよいのですが、数多くの企業にサービスを提供するようなSaaS事業者であれば、標準的な「処理者契約」を用意し、これを委託元に採用してもらうという戦略をとるべきです。委託元と委託先が締結する契約は、一般にデータ処理契約（Data Processing Agreement、DPA）と呼ばれています。欧州では欧州委員会がGDPRに準拠した処理者契約のテンプレートを公開していますので、どのような内容を含むべきか参考にしてみてください[19]。

---

[19] https://eur-lex.europa.eu/legal-content/EN/TXT/?uri=CELEX%3A32021D0915&qid=1623703911896

　処理者契約に含むべき内容は法律で規定されているとおりですが、より具体的に記載するようにしてください。たとえば「委託先は適切なセキュリティ対策を講じること」と書くだけでは処理者契約上の不備とみなされる可能性が高いので、満たすべき仕様を別紙に詳述するなどの工夫が必要です。委託元は、個人情報保護に関する具体的な対策を相手に丸投げをするのではなく、自社が判断基準を持つことが前提になります。その上で委託しなければなりません。

　欧米の企業のDPAを読むと、特に個人情報のセキュリティを保護するための情報セキュリティ対策については詳細に書かれているものが多くあります。個人情報に関連するセキュリティ対策では、アクセス管理、暗号化の方法、データ転送時の通信方法、監査ログの取得と保管、データ侵害発生時の対応などは必ず確認しておきたいところです。

　「GB/T 35273-2020 个人信息安全规范」では委託先の監査を行うよう求めていますが、これに対しては、外部委託先を採用する際に実施するセキュリティ・チェック・シートの内容にPIPLやその他の該当する法規制の要件を加えるという対応をするのが現実的でしょう。セキュリティ・チェック・シートについては、すでに多くの組織で広く運用されています。契約当初のみならず、契約後も定期的に、たとえば1年に一度、もしくは半年に一度などの頻度で確認するプロセスを確立してください。

Q17 PIPLではCookieバナーの設置が求められるのでしょうか？

A17　PIPL第24条では自動化した意思決定を利用することで情報をプッシュ通知する場合、個人の特性を対象としない選択肢を同時に提供するか、個人が簡単に拒否できる方法を提供するか、いずれかの対応が必要となります。このことに鑑みるとCookieバナーを設置することが望ましいと考えられます。

解説

　ウェブサイトを閲覧すると「このサイトはCookieを利用しています」というバナーを見かける機会が増えてきました。これをCookieバナーと呼んでいます。日本では令和2年改正個人情報保護法で「個人関連情報」に対する規制が導入されたことがきっかけとなって、Cookieバナーを導入するという判断をした企業が増えました。

　インターネットは広告媒体として発達してきました。インターネットでのオンラインマーケティングはさまざまな方法で行われていますが、その多くは「Cookie」と呼ばれるユーザーの行動を記録するための小さなファイルを設置することで実現されています。たとえば、Cookieで記録したユーザーの行動をオンライン広告ネットワークで共有し、当該ユーザーが最も興味を引くような商品、サービス、価格、情報などをテーラーメイドで提示するというものです。自分の興味関心に合った広告であればユーザーの閲覧する可能性が高まり広告効率も上がることから、この手法は広く普及しました。

　このようにユーザーの興味関心などを分析し、ユーザー像を作り上げることをプロファイリングといいます。プロファイリングした結果をもとに個人についてさまざまな判断を行うことを、法律上は「自動化した意思決定」と呼びます。

　ここでの質問はCookieバナーの設置ですが、Cookieバナーの設置が必要となる背景には自動化した意思決定が個人の権利を侵害する可能性があるからです。いま、中国をはじめとする世界では、同じ製品なのに価格差が生じるなど、自動化した意思決定を駆使した社会的弱者に対する詐欺まがいの広告が社会問題となっています。中国ではこうした傾向を「ビッグデータによる裏切り」と呼び、対策を急いでいます。実際、PIPLが成立した直後の2021年8月25日には、国家ネットワーク情報部門が「互聯網信息服務算法推薦管理規定（征求意見稿）」（インターネット情報サービスのアルゴリズム管理に関する規定）を出し、2021年12月31日に成立、公布されています。アルゴリズムレコメンデーションを行う事業者への規制の準備は着実に進んでいるといってよい状況です。

　PIPLでの自動化した意思決定についての規制は、あくまでも原則に留まっています。PIPL第24条ではまず、「自動化した意思決定を行うために個人情報を利用する場合、意思決定の透明性と結果の公正性、公平性を確保しなければならず、取引価格などの取引条件について不合理な差別的待遇を行ってはならない」としています。

　そして、自動化した意思決定が個人の権利・利益を侵害しないこと、どのような過程で意思決定が行われたのかを説明できること、自動化した意思決定が不当な差別を生じないよう公平な結果を担保しなければならないことが定められています。また、同じ商品に対して合理的な理由なしに割引価格を提示する不公平な扱いを行うことも許されません。

　組織は自動化した意思決定方法によって個人に情報をプッシュ通知する場合や商業マーケティングを行う場合には、個人の特性を対象としない選択肢を同時に提供するか、または個人が簡単に拒否できる方法を提供しなければなりません。中国でCookieバナーを設置すべきという根拠はこの条文です。もちろん、個人の特性を対象としない選択肢を同時に提供するという方法を採用すれば、Cookieを引き続き利用する可能性も残されています。このあたりは組織の考え方と姿勢で判断することとなるでしょう。個人の権利保護という現在のトレンドから言えば、Cookieバナーを設置して個人の選択を尊重できるようにしておくことが望ましいことは言うまでもありません。

　PIPLではまた、個人の権利および利益に重大な影響を与える決定を行う場合、個人は個人情報処理を行う者に対して説明を求める権利があるとしています。同時に自動化した意思決定の手段のみによってなされた意思決定を拒否する権利も個人に与えています。ローンの信用審査や採用の書類審査など、個人の生活に直接影響を与えるような場面で自動化した意思決定を利用する場合は、細心の注意を払って透明性を高めてください。場合によっては、自動化した意思決定を使わないとき以上に説明が求められるケースも考えられるので、重要な決定に新技術を導入するかはビジネスケースを十分検討した上で決めたほうがよさそうです。

　ここまで、自動化した意思決定に対する規制の話ばかりをしてきました

が、法規制は新技術を阻害したいわけではありません。基本的にはバランスある利活用を推進しているということを認識した上で、どうすれば原則を満たしたサービス設計ができるかを考えることが大切です。

　少し話がずれますが、新技術という意味ではCCTV（監視カメラ）の設置や顔認証などの個人識別技術についてもPIPLは規制をしています。CCTVや顔認証技術は「公共の安全の維持に必要な場合」にのみ利用可能であり、CCTVを設置する場合は設置することを明示的に伝える標識も設置しなければなりません。もちろん、取得した情報は公共の安全維持のためにのみ使用しなければなりません（PIPL第26条）。

　PIPLは新技術に対する規制が含まれている点が、他の国や地域の個人情報保護法と比較して特徴のある法律です。

組織のとるべき対策

　中国のウェブサイトやアプリでオンラインマーケティングを実施する際は、これまで以上に個人情報保護に配慮して実施するようにしてください。コンプライアンス上はCookieバナーを設置することが最善の対策と言えますが、ビジネス上それができないケースもあるでしょう。その場合は、最低でも個人情報保護影響評価を実施し、一線を超えたオペレーションでないことを確認した上で、「個人の特性を対象としない選択肢を同時に提供する」方法を採用するというアプローチがよいでしょう。

Q18 PIPLには個人情報保護影響評価の実施が義務付けられる処理はありますか？

A18　PIPLは個人情報処理にまつわる評価項目として個人情報保護影響評価の実施を規定しています。具体的にはセンシティブな個人情報の処理、自動化した意思決定のために個人情報を使用する場合、個人情報処理を委託する場合、個人情報を第三者へ提供する場合、個人情報を開示する場合、個人情報を国外に提供する場合、その他、個人の権利・利益に

重大な影響を与える個人情報処理がこれに該当します。

解説

　個人情報保護影響評価とは、個人の権利、利益に重大な影響を与える可能性がある個人情報処理については、処理の設計時、実施前にそのリスク評価を行い、想定されるリスクを受容可能な範囲に収める対策を実施しなければならないというものです。欧米ではプライバシー影響評価（Privacy Impact Assessment；PIA）と呼ばれます。「GB/T 35273-2020 个人信息安全规范」11.4項では、「个人信息安全影响评估」という言葉で記載されています。

　PIPL第55条によると、個人情報保護影響評価を実施しなければならないのは、次の場合です。

- センシティブな個人情報を処理する場合
- 自動化した意思決定のために個人情報を使用する場合
- 個人情報処理を委託する場合、個人情報処理を行う他者に個人情報を提供する場合、個人情報を開示する場合
- 国外に個人情報を提供する場合
- その他、個人の権利・利益に重大な影響を与える個人情報処理活動を行う場合

　PIPL第56条では個人情報保護影響に含めるべき内容も規定しています。それによると、「個人情報の処理目的、処理方法などが適法・適正かつ必要なものであるかどうか」「個人の権利・利益に対する影響およびセキュリティリスク」「講じられた保護措置は合法なものか、有効なものか、リスクの程度に対して適切であるか」といった内容を含めなければなりません。「GB/T 35273-2020 个人信息安全规范」では、この他「非識別化情報が再識別化されるリスク」や「データ侵害が生じた場合の個人の権利・利益への悪影響の特定」といったことも求められています。作成した報告書および処理状況の記録は少なくとも3年間保管する義務があります。

組織のとるべき対策

　個人情報保護影響評価は組織がアカウンタビリティを備える上で最も重要なツールです。やるべきことは、個人情報保護についてのリスク評価です。日本でも最近は経済産業省・総務省がプライバシーガバナンスを普及させるために個人情報保護影響評価についてのセミナーを開催するなど、少しずつ認知度が上がってきているのではないかと思います。

　過去にPIAを行ったことがない事業者は、PIPLや「GB/T 35273-2020 个人信息安全规范」を読んでも具体的な方法が見えないかもしれません。そのような場合は、「GB/T 39335-2020 个人信息安全影响评估指南」（個人情報安全影響評価ガイドライン）を参照するとよいでしょう。

　PIPL上で具体的な方法を示していないのは、事業者がある程度裁量をもってリスクアセスメントを実施できるようにするためです。「GB/T 39335-2020 个人信息安全影响评估指南」を見るとわかりますが、教科書どおりにやろうとするとかなり手間がかかります。特に小規模事業者の場合はリソースがない可能性もあります。その場合は、影響度と発生確率をもとに簡易リスクアセスメントを自分たちで用意し、ヒートマップを用いて対策を決定するという対応で代替することも可能です。

　個人情報保護影響評価を行った後は、当該処理について報告書をまとめ、処理を記録しなければなりません。これらの記録は3年間保管期間が定められているので、確実な文書管理が必要です。

5.7 PIPLへの対応： 個人情報マネジメントシステム

Q19 PIPLではCSLのように組織に体制整備を求めていますか？

A19 PIPLでは管理者に対し、個人情報への不正アクセス、個人情報の漏洩、改ざんおよび紛失を防止するために、組織内における個人情報マネジメント体制の整備、データ分類の実施、暗号化や非識別化の実施、アクセス権の設定と教育・訓練の実施、データ侵害対応計画の整備などを求めています。また、整備した体制を実際に実施できているかを確認するために内部監査を実施することも求めています。

解説

個人情報漏洩、改ざん、紛失を起こさないためにはデータセキュリティ対策が重要です。PIPLでは技術的な対策とともに組織的な対策の実施も規定しています。以降で見ていきますが、PIPL第51条で挙げられている要件は、個人情報保護に対する組織内のガバナンス体制を整備するよう要求する要件といってよいでしょう。

まず1つ目は、「内部管理システムとオペレーション規定の制定」です。個人情報保護とは単一の行動で完了するものではなく、継続的なプロセスです。これを効果的に行うためには社内体制の整備と各種ルールの整備を行います（**図5.4**）。個人情報保護についての責任を社内で定義し、いわゆるポリシーやプロシージャーといわれる文書を通じてルールを運用します。この考え方は日本でも最近強調されており、経済産業省・総務省がプライバシーガバナンスについてガイドブックを出しています[20]。より実践的な

[20] DX時代における企業のプライバシーガバナンスガイドブック
https://www.meti.go.jp/press/2021/07/20210719001/20210715009.html

内容を学ぶにはIAPP（International Association of Privacy Professionals；国際プライバシー専門家協会）が提供しているCIPMトレーニング[21]が役に立ちます。

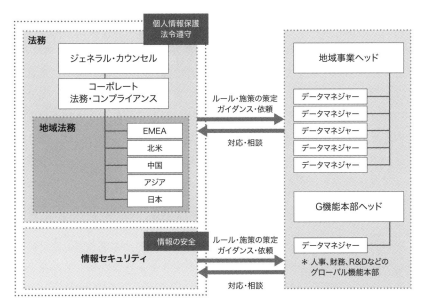

図5.4　個人情報保護体制構築の例（出典：「参天の個人情報保護体制構築の取組みについて」）[22]

　2つ目は「個人情報の分類管理の実施」です。同じ個人情報であっても「個人の氏名」と「個人の国民番号」では後者のほうがより注意して取り扱う必要がある情報です。個人情報は種類によってリスクに差があることを認識しなければなりません。分類の仕方にはいろいろな方法が考えられますが、最低限、通常の「個人情報」と「センシティブな個人情報」の2つは区別して管理する必要があるでしょう。個人情報保護におけるリスク対応は、

[21] CIPM Training
https://iapp.org/train/cipm-training/

[22] 2021年度経済産業省・総務省・JIPDEC共催第1回企業のプライバシーガバナンスセミナー『参天の個人情報保護体制構築の取組み』講演資料
https://www.meti.go.jp/policy/it_policy/privacy/privacy_seminar.html

個人情報の持つリスクに応じて実施します。実際、米国の企業の多くは、より高いリスクを内包する個人情報（たとえば医療情報、クレジットカード番号）に対しては、暗号化、非識別化などの強化したセキュリティ対策を施す企業が増えています。

　当然、アクセス権の設定や、個人情報に対して従業員が実施可能な操作の定義が必要です。これらは、PIPL第51条の要求する措置として3番目、4番目に挙げられています。また、個人情報の操作を日常的に扱う従業員やスタッフに対しては、より具体的な指示を含んだ教育を行う必要があります。教育は一律なものとはせず、組織が望む行動をとれるよう対象に応じて内容を変えて実施します。従業員の認知を向上させるためには、プライバシーポータルをイントラネットに開設し、グローバルポリシーや各種マニュアル、プロシージャー、テンプレート、問い合わせ先、データ漏洩時の報告先、従業員とのコミュニケーションチャネルなどを集約しておくとよいでしょう。

　5つ目は「個人情報セキュリティインシデントに対する緊急時対応計画の策定と組織的な実施」です。個人情報セキュリティインシデントが発生したときに、組織としてどのように対応するかはあらかじめ計画しておかなければなりません。「GB/T 35273-2020个人信息安全规范」10項を読むと、計画が実施可能なものかを確認し、スタッフを訓練する意味でもテーブル・トップ・エクササイズの実施を行うことまで求められているので、可能な限り、このようなトレーニングも行いましょう。なお、ここで策定するインシデント対応計画にはPIPL第57条で規定されている個人情報インシデントの通知についても含めておく必要があるでしょう。計画と通知はセットで考えるべきです。体制整備は、実際の運用状況を確認する内部監査を実施して完成します。PIPL第54条では組織に対して「個人情報の処理が法令および行政法規に適合しているかについて、定期的にコンプライアンス監査を行わなければならない」としています。最低でも年に一度以上、定期的に内部監査を実施し、適切な個人情報保護体制が維持されていることを確認してください。

組織のとるべき対策

個人情報保護においては、経済産業省・総務省が推進するプライバシーガバナンスの考え方がますます重要になってきています。グローバルでビジネスを行っている事業者は、早急に個人情報保護に関するガバナンス体制を整備することが重要です。

ガバナンス体制はコンサルティング会社に依頼するとすぐに形を整えることはできます。しかし、解説でも述べたとおり、個人情報保護に関する対策は一度限りのものではなく、継続的に実施するものです。そのため、事業者は積極的に個人情報保護について高い知識を持つ人を組織内に配置する必要があります。残念ながらこのような人材はまだ多くないため、組織内で育成することも選択肢の1つとして考えたいところです。

世界最大のプライバシー専門家協会であるIAPPはプライバシーマネジメントの重要性に早くから気付き、中国を含む世界各国で積極的にプライバシー・マネジメント・プログラムの導入をうながしています。IAPPが提供するCIPMトレーニングにはグローバルで個人情報保護を組織的に展開するために必要な知識とノウハウが詰まっているので、重要なスタッフを中心に受講してもらい、可能であれば資格の取得を推進するとよいでしょう。

 PIPLでのデータ侵害通知の要件を教えてください

A20 データ侵害が発生、または発生した可能性がある場合、管理者は直ちに救済措置を講じ、当局および個人に通知しなければなりません。

解説

データ漏洩、個人情報の改ざん、紛失などをまとめて「データ侵害」と呼んでいます。データ侵害が発生した場合、組織は直ちに救済措置を講じ、データ侵害の影響を抑え込むとともに、条件によっては当局と個人へ通知

を行う義務が生じます（PIPL第57条）。ただし、データ侵害の被害に遭ったデータに対して、暗号化などの効果的な措置を行っていた場合は通知が不要となるケースもあります。しかし、個人に対して実際の危害が生じる可能性があると考えられる場合には通知が必要です。具体的にどんなケースで通知が必要となり、いつ通知が不要となるかについては、今後の実績を待たなければなりませんが、先行するGDPRでの事例を1つの基準とすることができます[23]。国外の事例にも目を向けて、適切な対応が取れるように用意してください。

　PIPL第57条では通知を行う際に含むべき内容も規定されています。組織は、漏洩、改ざん、紛失の発生、またはインシデントが発生した可能性がある情報の種類、その原因および想定される危害、個人情報処理を行う者が講じた救済措置、危害を軽減するために本人が講じ得る措置、個人情報処理を行う者への連絡方法を通知に含めなければなりません。

　「GB/T 35273-2020 个人信息安全规范」10.2項でも、セキュリティ事故の内容と影響、実施された、または実施される予定の対応措置、個人が自分で予防・リスク軽減を行うための方法の提案、個人に提供される救済措置、個人情報保護の責任者および個人情報保護機関の連絡先を通知に含めるよう規定しています。

組織のとるべき対策

　データ侵害は発生しないように「予防」することが大切ですが、デジタル化が世界的に進み攻撃者が高度なスキルを駆使する現代にあっては、データ侵害は当然発生するものだという認識のもとで「準備」する必要があります。データ侵害が実際に発生すると多くの出来事が同時進行で進むため、組織はあらかじめ準備を整えておき、有事には必要最小限の行動のみをとればよいようにしておきたいところです。データ侵害対応で最も重要なのは準備です。

---

[23] たとえば、アイスランドのDPA (Tne Data Protection Authority) がデータ侵害の通知要件を例示しています。
テクニカ・ゼン株式会社 会員制プライバシー・リスク情報サイト 2021年3月16日の記事（有料記事）
https://m.technica-zen.com/3528/

データ侵害時のリスク評価とデータ侵害通知用の定型文を用意し、必要な情報のみを埋めればよい状態を作っておいてください。また、報告先や緊急時に支援を求めるべき相手の電話番号リストなどもあらかじめ用意することが重要です。データ侵害時に行わなければならないことは多岐にわたります。データ侵害時に実施すべき内容の詳細については『プライバシー・マネジメントの要点と実務』で詳しくご紹介しているので、関心があれば併せて参照してください[24]。

Q21 PIPLでは一般企業に対してもDPOの任命を要求していますか？

A21 いわゆるデータ保護責任者（DPO）に該当する責任者を任命しなければならない義務が生じるのは限定的な状況のみです。処理する個人情報の数が当局の指定する一定数以上となる組織に対しては個人情報保護責任者の任命が義務付けられています。

解説

PIPL第52条によると、処理する個人情報が国家ネットワーク情報部門の規定する数量に達した個人情報処理を行う者は、個人情報保護責任者を指名し、個人情報処理活動や講じた保護措置などの監督をする責任を負わせなければならないとしています。そして、個人情報処理を行う者は、個人情報保護責任者の連絡先を公表し、個人情報保護業務を行う部門に個人情報保護責任者の氏名および連絡先を報告しなければなりません。

この条文を見る限りは、GDPRで要求されるDPOのような存在を任命する必要があるケースは限定的と判断できます。しかし、個人情報保護を行うために「内部管理システム」を整備しなければならず（PIPL第51条）、さらに「コンプライアンス監査」の実施が求められている（PIPL第54条）

[24]『プライバシー・マネジメントの要点と実務』（寺川貴也 著、情報機構、2021年）
https://johokiko.co.jp/publishing/BC210201.php

ことに鑑みると、個人情報保護に対する責任者は必要です。当局への登録や公表は不要であっても、実務上は個人情報保護に対して責任を負う者を任命してください。

　個人情報保護責任者の氏名および連絡先の報告は、中国国内のサーバーがある場所で行うのが望ましいでしょう。プライバシーノーティス上で個人情報保護責任者を公表する場合は、個人がコンタクトしやすいように目立つ形で掲示（たとえば、冒頭に記載するというように）しておくとよいでしょう。

組織のとるべき対策

　大規模な個人情報処理を中国国内で実施していない限りは、いわゆるDPOの任命は不要となります。しかし、登録や公表は不要であっても、PIPL第51条やPIPL第54条の要件を満たすためには、実務上、個人情報保護に対して責任を負う人物を任命する必要が生じるでしょう。その場合はCSLで任命する情報セキュリティ対策の責任者に兼任させるのも1つの方法です。ただし、情報セキュリティと個人情報保護は重複する部分はあるものの完全には一致しないため、情報セキュリティ対応を行う人物に対しては、個人情報保護についての特別な教育・訓練を実施する必要があります。

5.8 個人の権利、越境移転

Q22 PIPLで認められている個人の権利について教えてください

A22 PIPLでは、個人に対して、知る権利、決定権、拒否権（PIPL第44条）、閲覧する権利、複製を請求する権利（PIPL第45条）、是正・補足を請求する権利（PIPL第46条）、削除を請求する権利（PIPL第47条）、取り扱いルールの解釈・説明を求める権利（PIPL第48条）、と幅広い権利を認めています。

解説

PIPLでは、多くの国の個人情報保護法で認められる、自身の個人情報へのアクセス権、複製を受け取る権利、修正権のみならず、ポータビリティ権のような比較的新しい個人の権利も認められています。その他、特徴的なのは、亡くなった人の個人情報に対しても近親者に一定の権利を与えている点でしょう。社会がデジタル化し、ソーシャルメディアなどに記録が残る現状に対応したと考えられます。

PIPLでは、GDPRでは詳細に定められている、要求時の対応期日など権利行使の条件については説明されていません。プロセスについて唯一言及があるのは、PIPL第50条で権利行使を受けるための組織体制を整備するように定めている個所のみです。なお、「網絡数据安全管理条例（征求意見稿）」第22条では、これらの権利行使への対応は15営業日以内に実施するよう規定しています。こちらはまだ意見募集稿段階ですが、目安として15営業日と考えておくとよいでしょう。

組織のとるべき対策

　詳細なガイドラインはまだ出ていないものの、対応すべき項目は明確になっています。事業者は他国での対応との一貫性を考慮しながら、PIPLに対する権利行使を設計する必要があります。対応方法は、可能な限り、社内ポリシーとして文書に落とし込んでおきましょう。テンプレートや個人に対して送付する定型文をあらかじめ用意しておくと対応の負荷が軽くなります。権利行使への対応で実施すべき内容の詳細についても、『プライバシー・マネジメントの要点と実務』で詳しくご紹介しているので併せて参照してください。

Q23 PIPLの越境移転規制について教えてください

A23　PIPLは、他の多くの法律と同様、個人情報の越境移転を規制しています。個人情報を中国国外に移転する際には、原則として国家インターネット部門が定めた標準契約を締結する必要が生じます。また、越境移転に関しては個人に対する情報通知、単独同意の取得も必要となります。

解説

　個人情報の越境移転は、いま世界で最も活発な議論が繰り広げられているトピックです。世界経済がデジタル化するに従い、個人情報は容易に国外に出るようになりました。しかし、法域が異なると個人情報の保護水準が異なるため、国外に出た個人情報をいかに自国と同等以上の水準で保護するかが大きな課題となります。

　結論から言うと、法域が異なる中で個人情報を同等の水準で保護するには「契約」を通じて合意するしかありません。契約といってもさまざまな形態があり、ツールとしてはいくつかの方法が用意されています。

　たとえば欧州には「十分性認定」というツールがあります。欧州委員会が審査し、保護水準が十分高いと認めた国と地域に対しては自由なデータ

流通を許容しています。この仕組みは事業者にとって非常にありがたい仕組みではありますが、一定のリスクもあります。それは十分性認定が取り消される可能性があるという点です。たとえば、2020年7月に有名なSchrems II裁判の判決が出て、その結果、欧州と米国の間のデータ流通は十分性認定に基づく合法的なものではなくなってしまいました。現在、欧州と米国の間のデータ流通は、欧州が認めている別のツールである、標準契約条項（Standard Contractual Clauses、SCCs）や、企業が独自に策定し欧州当局から承認された拘束性のある社内ルール（BCRs）を利用して行っています[25]。欧州から十分性認定が認められていない国や地域に個人情報を越境移転する場合にもSCCsやBCRsを利用して越境移転を行っています。

　PIPLでは十分性認定という考え方を採用せず、「標準契約」を利用しています。その他、「国家インターネット部門が実施するセキュリティ評価への合格」や「個人情報保護に関する認証」といった方法も提供されています。「国際条約や国際協定で定められている場合」も、規定のプロセスに従って個人情報が提供されることがあります。いずれの場合も、管理者は移転先での個人情報保護を担保しなければなりません（PIPL第38条）。

　国家インターネット部門が実施するセキュリティ評価については、意見募集稿ですが「数据出境安全評估办法（征求意見稿）」が2021年10月に出ています。このガイドラインでは10万人以上の個人情報を国外に提供する場合、または1万人以上のセンシティブな個人情報を国外に提供する場合にセキュリティ評価を実施しなければならないとしています。そして、評価すべき項目、作成すべき資料、評価は2年ごとに実施しなければならないことなどが定められています。

　「数据出境安全評估办法（征求意見稿）」第9条には、「データセキュリティ保護の責任および義務について完全に合意するために、データ取扱者と外国の受領者との間で締結される契約には、以下の内容が含まれるべきである」として、データ移転契約に含むべき内容を挙げています。国家ネットワーク情報部門から標準契約の詳細が出るまでは、この「数据出境安全評估办法

---

[25] 日本も欧州から十分性認定を取得し、2021年10月に最初のレビューを無事終えて継続することが決まっていますが、常に取り消されるリスクがあることを認識しておく必要があります。

（征求意見稿）」で挙げる内容を含んだ契約を利用するとよいでしょう。

- データ移転の目的と方法、データの範囲、外国の受領者によるデータ処理の目的と方法
- 外国でデータを保管する場所、その期間、保管期間に達した後、合意された目的が完了した後、または契約が終了した後に外国に移転したデータの取り扱い方法
- 外国の受領者が、輸出されたデータを他の組織または個人に再譲渡することを制限する拘束条項
- 実質的な支配力や事業範囲に重大な変化が生じた場合や、外国の受領者が所在する国や地域の法的環境が変化してデータの安全性を確保することが困難になった場合に、外国の受領者が講ずるべきセキュリティ対策
- データセキュリティ保護義務の違反に対する責任および拘束力と執行力のある紛争解決条項
- 情報漏洩などのリスクが発生した場合の適切な緊急対応、および個人が個人情報の権利・利益を守るための円滑なルートの保護

　個人情報を越境移転するには、管理者は適切な「通知」と「単独同意」の取得が必要です。中国国外に個人情報を提供する場合、国外の受領者の名称または氏名、連絡方法、処理目的、処理方法、個人情報の種類、国外の受領者に対して本法で規定される権利を行使する方法と手続きなどの事項を個人に通知し、併せて個人の単独同意を取得しなければなりません（PIPL第39条）。

　中国国外から個人情報を処理している場合（PIPL第3条（2））には、代理人の設置が必要であることはQ5でご紹介したとおりです。欧州では近年、域外から欧州個人情報を直接取得し国外で処理する場合にもSCCsが必要ではないか、と監督機関の合議体（EDPB）が議論を始めています[26]。欧州の動向次第では、中国でも同様に追加で標準契約を要求される可能性があ

[26] 54th Plenary meeting 14 September 2021, Remote
https://edpb.europa.eu/system/files/2021-10/20210914plenfinalminutes_54thplenary_public.pdf

るので、域外適用を受ける事業者は注意しておいてください。

組織のとるべき対策

　多くの事業者にとっては、中国における越境移転規制は標準契約を締結することで対応することになるかと思います。本書を執筆している2022年1月時点では標準契約はまだ公表されていないため、既存の「処理者契約」（DPA）に中国用の要件を付加して対応するというのが現実的な対応となるでしょう。いずれにしても、今後の規制動向を継続的にモニタリングしておいてください。

Q24 PIPLのローカライゼーション規制について教えてください

A24 　PIPLのローカライゼーション規定はCSLよりも幾分緩い規制となっています。重要情報インフラ運営事業者、および処理する個人情報が目安として一般的な個人情報であれば10万人以上、センシティブな個人情報であれば1万人以上の数量に達する事業者または個人に国内保存義務が課せられます。

解説

　中国といえば「ローカライゼーション」というイメージがありますが、個人情報のローカライゼーションの傾向はむしろ世界的なものといえます。

　Q23でも紹介したSchrems IIの裁判ですが、それを受けて欧州では「移転影響評価（Transfer Impact Assessment；TIA）」を行う必要が生じています。そのため、安全性を担保するのが難しいと考えた大企業が欧州の個人データはすべて欧州にあるデータセンターに保管するという方針に切り替えた例もあります。米国では中国企業が中国にデータを移転していることに批判が高まり、その結果、米国のデータは米国内にすべて保管することに中国企業が合意するということも起きています。日本でも、LINEのユーザーの個人情報が中国の委託先でアクセス可能になっていたことが問題と

　なり、日本国内での取り扱いに変更するということが生じています。デー
タローカライゼーションの進展ともいえる各国のこうした動きは、世界に
広がっている相互不信の賜物と言えるでしょう。世界はいま、相互信頼の
構築に苦しんでいます。

　PIPLでは重要情報インフラ運営事業者および国家ネットワーク情報部門
の規定する数量に達した個人情報処理事業者の義務として、中国国内の運
営で取得・生成した個人情報は国内で保存しなければならないこと、移転
の確かな必要性がある場合は国家ネットワーク情報部門によるセキュリ
ティ評価に合格しなければならないことを定めています（PIPL第40条）。

　「国家ネットワーク情報部門の規定する数量に達した個人情報処理事業
者」で言及されている「規定する数量」について明確な指針はまだありま
せんが、参考になる情報はあります。Q23で紹介した「数据出境安全评估办
法（征求意见稿）」第4条では、「データを外国に移転するデータ取扱者が、
次のいずれかの状況で国外にデータを提供する場合、セキュリティ評価を
申請しなければならない」として、セキュリティ評価を実施する基準を定
めています。

- 重要情報インフラ運営者が収集・生成する個人情報や重要なデータを中
  国国外に移転する場合
- 移転するデータに重要データが含まれている場合
- 100万人に達する個人情報を取り扱う個人情報処理を行う者で、中国国
  外に向けて個人情報を提供する場合
- 外国への個人情報の累計提供数が10万人以上、またはセンシティブな
  個人情報の累計提供数が1万人以上となる場合

　これは「セキュリティ評価」を必要とする場合の基準ですが、国内保存
義務の目安としても、この条件が合致する場合には準拠が必須と考えてお
くとよいでしょう[27]。

---

[27] ただし、より少ないデータ数で国内保存義務を要求されたケースもありますので、管轄のネットワー
ク情報部門とのコミュニケーションは欠かせません。

組織のとるべき対策

　個人情報の国内保存義務についてはPIPL第40条を目安とし、国家ネット
ワーク情報部門の規定する数量は、現時点では「数据出境安全评估办法（征
求意见稿）」の数字を見ておけばよいでしょう。ただし、明確な基準がない
間は当局による恣意的な運用も発生し得るため、安全に運用したいのであ
れば、中国の個人情報は原則中国国内に保存するという対策をとるとよい
でしょう。

5.9 監督当局、ペナルティ

Q25 PIPLの監督当局について教えてください

A25 PIPLの執行を統括するのは国家ネットワーク情報部門です。国家ネットワーク情報部門のもと、国務院の関連部門が個人情報保護および監督管理業務を行います。実際の執行は地方政府の関連部門が行うこととなります。

解説

　中国の個人情報保護の監督機関は、欧州や日本の監督機関とは異なり、独立性は持ちません。あくまで国の機関の1つとして個人情報保護の管理監督を行います。

　中国の個人情報保護の監督機関は大きく3つの層に分かれていて、最上層が国家ネットワーク情報部門、その次に国務院の関連部門、そして最下層が県以上の地方政府関連部門となっています。国としての全体的な方針は国家ネットワーク情報部門が定め、その実際上の適用については国務院以下が担当業務に応じて翻訳していく、という構造です。日本でも、法律、施行令、施行規則と階層化されて細かな規定を定めているので、日本人にとってはなじみのある構造かもしれません。

　個人情報保護に責任を負う部門は、個人情報保護に関する広報、教育、個人情報保護業務の指導・監督、苦情・報告の受付、個人情報保護状況に関する評価の実施・公表、違法な個人情報処理活動の調査と対処などの業務を行います（PIPL第61条）。

組織のとるべき対策

　個人情報保護に関して情報を発信するのは主に国家ネットワーク情報部門[28]と工信部（工業情報化部）[29]です。事業者は継続的にこれらの機関のウェブサイトをチェックし、最新情報をモニタリングする必要があります。現地に事業所がある場合は、管轄の当局がどこになるかを把握しておくことも重要です。

Q26 PIPLのペナルティについて教えてください

 違反に対しては、担当の監督部門は是正、警告を発し、違法に個人情報処理を行っているアプリケーションのサービスに対して停止、あるいは終了命令を出すことができます。違反が重大な場合は、省レベル以上の個人情報保護責任部門は是正を命じ、違法所得を没収し、最大5,000万元以下または前年売上高の5%以下の罰金を科すことができます。また、是正のために関連業務の停止または業務終了を命令することも可能です。

解説

　PIPLにおけるペナルティについてはPIPL第66条に規定されています。PIPLのペナルティは2種類設定されています。違反が軽度な場合のペナルティは最大100万元以下の罰金またはサービスの停止、終了命令です。個人に対してもペナルティが設定されており、責任者には1万元以上10万元以下の罰金が科されます。

　違反の程度が重大な場合、ペナルティは違法所得の没収、最大5,000万元以下または前年売上高の5%以下の罰金、関連業務の停止または業務終了命令というかなり厳しいものとなっています。責任者には10万元以上100万

---

[28] 国家ネットワーク情報部門
http://www.cac.gov.cn/
[29] 工信部（工業情報化部）
http://www.gov.cn/fuwu/bm/gyhxxhb/index.htm

元以下の罰金に科す他、一定期間、当該企業の取締役、監督者、上級管理職、個人情報保護責任者に就くことを禁止する、という措置も課されます（PIPL第66条）。

もう1点PIPLの興味深いところは、「個人情報処理が個人情報の権利・利益を侵害し、損害を与えた場合、個人情報処理を行う者がその過失がないことを証明できないときは、損害賠償などの不法行為責任を負う」（PIPL第69条）という規定です。個人情報処理を通じた侵害行為に対し、管理者は過失のないことを証明しなければならないのです。アカウンタビリティが非常に重要な法律だと言えます。

個人に対する権利侵害が「公安行政の違反となる場合は、法律に基づいて公安行政に対するペナルティが科される。犯罪となる場合は、法律に基づいて刑事責任が追及される」（PIPL第71条）という規定もあり、個人情報を用いた犯罪行為に対しては刑法で裁かれることとなります。

組織のとるべき対策

PIPLの制裁金は高額です。最大5,000万元または前年度の売上高の5%以下とされています。また、個人に対してもペナルティが科されるため、個人情報管理責任者の責任は重大なものとなります。

PIPLが成立した直後、最高人民検察院は重点的に保護する対象を公表しています。それによると、次に挙げる個人情報の保護については重点的に取り締まるとされています。該当する事業者は、特に丁寧なPIPLコンプライアンス対応を行わなければなりません。

- 生体識別情報、宗教的信条、特定のアイデンティティ、医療健康情報、金融口座情報、位置情報など、センシティブな個人情報
- 子ども、女性、障害者、高齢者、軍人などの特別なグループの個人情報
- 教育、医療、雇用、年金、消費などの主要分野で扱われる個人情報
- 100万人以上の大規模な個人情報
- 時間的・空間的なつながりで形成される特定の対象者の個人情報

5.10 PIPLの義務項目と必要な対策の概観

　ここまで、PIPLの主要な要求事項と必要な対策についてみてきました。本章の最後に、PIPLの義務項目を振り返っておきましょう。PIPLはフレームワーク法とはいえ、すでに施行されているので、具体的に要件が定まっている項目についてはできる対応を迅速に実施するようにしてください。

条項	対策
第5条 – 第10条	PIPLの原則類をプライバシーポリシーなど、社内の個人情報保護に関連したポリシーに反映する
第13条	個人情報処理目録にPIPL上の適法根拠を特定し、記録する
第14条 – 第16条	同意の要件を整理し、自社の同意の取得がPIPLの要件に合致するように修正する（第24条、25条、26条、GB/T 35273-2020なども参照）
第17条 – 第18条	通知の要件を確認し、自社のプライバシーノーティスを更新する（GB/T 35273-2020の例も参照）
第19条	個人情報の保管と廃棄に関するポリシーを用意するとともに保管期限を定める。また、個人情報処理目録に保管期間も記録し、保管期限を超えたデータは削除または匿名化/統計化する
第20条	共同管理者としての処理について、標準契約を準備する。個人情報処理目録や通知に共同管理者の有無も記載する
第21条、第59条	委託先と処理者契約（DPA）を締結する。社内では委託先管理ポリシーを用意し、委託先選択時のルールを整備する
第23条、第25条	個人情報の開示には通知の実施と単独同意を取得する

（次ページに続く）

条項	対策
第24条	自動化した意思決定利用時のPIPLのルールを遵守する。必要に応じてウェブサイトへのCookieバナー導入も検討する
第31条	子ども（14歳未満）の個人情報取得時には親の同意を取得する
第38条 – 第41条	越境移転のための標準契約を用意し契約に含める他、セキュリティ評価を実施する
第44条 – 第50条	個人の権利と権利行使への対応体制を整備する
第51条 – 第52条	責任者を定め、CSLで求められるセキュリティ対策（等級保護の要件はGB/T 28448-2019を参照）や個人情報保護体制を整備する
第53条	代理人を設置する
第55条 – 第56条	個人情報保護影響評価を実施する（GB/T 39335-2020も参照する）
第57条	データ侵害通知体制を整備する

表5.4　PIPLの義務項目と対策

第6章

等級保護認証の取得

6.1 申請主体と申請対象

　本書の最後に、中国のデータ関連法で最も重要なポイントの1つである等級保護認証の取得方法について説明をしておきます。

　2章Q14で説明したとおり、等級保護認証の取得は香港、台湾、マカオを除く中国国内でネットワークを運営するネットワーク運営者が申請書類を作成し、管轄の公安部に提出することからプロセスが始まります（**図6.1**）。公安部は申請書類をもとにネットワーク運営者の等級を確定し、システム備案番号を発行します。

　システム備案番号が発行されたら、ネットワーク運営者は等級に応じたセキュリティ体制を整備し、その完了後、評価機関の審査を受けます。「GB/T 28448-2019　情報安全技術　網絡安全等級保護測評要求」が定めた当該等級の要件に7割以上適合していることが確認できれば審査に合格となり、評価機関が作成する評価レポートを受け取ることができます。ネットワーク運営者はこの評価レポートを公安部へ提出し、公安部の書類審査を経て問題がなければ等級保護認証の取得が認められます。

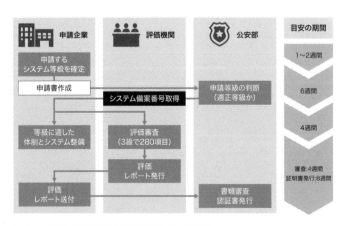

図6.1　等級保護認証の取得プロセス（再掲）

以下、このプロセスを順に見ていきましょう。

申請主体

　等級保護認証の申請主体は、ネットワーク内の情報システムに責任を負う者です。ネットワーク内の情報システムを「所有」し「運営」している組織が申請を行います。組織が等級保護認証の申請主体となるかは**図6.2**のフローチャートに従って判断できます。これに従うと、たとえばクラウドストレージで中国リージョンを利用する企業は中国に拠点がなくとも等級保護の対象となることがわかります。

　申請主体は申請対象となる情報システムの範囲と、情報システムの等級を決定し、申請書を公安部に提出することで申請プロセスを開始します。

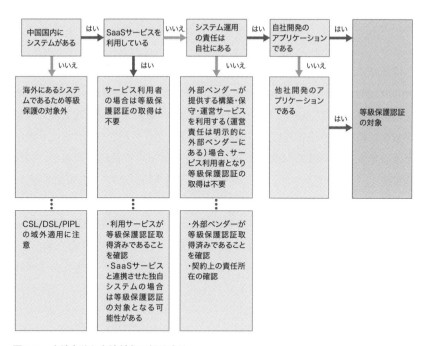

図6.2　申請主体と申請対象の切り分け

申請書の準備

申請に必要な書類と記入例は地方政府や公安部のウェブサイト、および窓口に用意されています[1]。申請者がこれらの書類に必要事項を記入し、公安部に提出することで等級保護認証申請のプロセスが始まります。

申請する等級が2級以上の場合、情報システムの等級を決定後30日以内に管轄公安部に申請しなければなりません。なお、申請する情報システムが複数の省で利用される大規模なシステムの場合には、申請者（法人）を管轄する政府部門（商務部など）を通じて、公安部に申請します。

最初に作成する資料は「信息系統安全等級保護备案表」（情報システム安全等級保護備案表）と「信息系統安全等級保護定级报告」（情報システム安全等級保護等級定義報告）です。公安部はこれらの申請書を受領後、8営業日以内に審査結果を申請者に通達します。自己判定した情報システムの等級が公安部に了承されれば、公安部から備案番号が領布され、正式に審査プロセスが開始されます。

申請する情報システムの等級が3級以上の場合は上記2つの書類に加え、「拓扑结构及说明」（システムトポロジー構成図および説明）、「网络安全组织机构及管理制度」（ネットワークセキュリティ組織および管理制度）、「网络安全保护设施设计实施方案或改建实施方案」（ネットワークセキュリティ保護設備設置計画または改善案）、「网络使用的安全产品清单及认证、销售许可证明」（使用するネットワークセキュリティ製品のリストと販売許可証）を作成し、提出します。

なお、申請する情報システムの等級が1級の場合には、評価機関の審査を受ける必要がありませんが、公安部に「信息系统安全等级保护备案表」「信息系统安全等级保护定级报告」「网络与信息安全承诺书」「网络安全等级保护应急联系登记表」を提出します。

[1] たとえば「网络安全等级保护备案」では北京市公安部が用意した申請書類をダウンロードすることができます。
https://banshi.beijing.gov.cn/pubtask/task/1/110000000000/c22ab389-19b8-4e5f-b0ba-49d4776cac94.html

申請書の種類	1級	2級	3級
	提出のみ	提出後申請プロセスが開始する	
网络与信息安全承诺书 （ネットワークと情報セキュリティに関する誓約書）	○		
网络安全等级保护应急联系登记表 （ネットワークセキュリティレベル保護緊急連絡先登録フォーム）	○		
信息系统安全等级保护备案表 （情報システム安全等級保護備案表）	○	○	○
信息系统安全等级保护定级报告 （情報システム安全等級保護等級定義報告）	○	○	○
拓扑结构及说明 （システムトポロジー構成図および説明）			○
网络安全组织机构及管理制度 （ネットワークセキュリティ組織および管理制度）			○
网络安全保护设施设计实施方案或改建实施方案 （ネットワークセキュリティ保護設備設置計画または改善案）			○
网络使用的安全产品清单及认证、销售许可证明 （使用するネットワークセキュリティ製品のリストと販売許可証）			○

表6.1 必要な申請書類と等級

申請書類の作成は支援会社に委託することもできます。等級保護認証申請の支援コンサルティングには費用がかかるものの、セキュリティ対策の進め方、評価機関や公安部との調整といった局面できめの細かい支援を受けられるため、リソースに余裕があるのであればぜひ利用を検討したいところです。

「信息系统安全等级保护备案表」の一部を**図6.3**に、「信息系统安全等级保护定级报告」の冒頭部分を**図6.4**に示しますので参考にしてください。

表一 单位基本情况

01单位名称	单位全称		
02单位地址	北京 省(自治区、直辖市) 北京 地(区、市、州、盟) 朝阳区 县(区、市、旗) 具体地址		
03邮政编码	1 0 0 0 0 0	04行政区划代码	1 1 0 1 0 5
05单位负责人	姓 名 (本单位信息安全工作的主管领导)	职务/职称	必填
	办公电话 (必填(固定电话及手机))	电子邮件	必填
06责任部门	是指单位内负责信息系统安全工作的部门实际全称		
07责任部门联系人	姓 名 (本单位信息安全工作的具体联系工作人员)	职务/职称	必填
	办公电话 必填	电子邮件	必填
	移动电话 必填		
08隶属关系	□1 中央 □2省(自治区、直辖市) □3地(区、市、州、盟) □4县(区、市、旗) □9 其他		
09单位类型	□1 党委机关 □2 政府机关		
10行业类别	□11 电信 □12 广电 □21 铁路 □22 银行 □25 民航 □26 电力 □31 国防科技工业 □32 公安 □35 审计 □36 商业贸易 □39 交通 □40 统计 □43 教育 □44 文化 □47 水利 □48 外交 □51 宣传 □52 质量监督 □99 其他 (必填)		
11信息系统总数	必填 个	12第二级信息系统数	
		14第四级信息系统数	

表二 (1/1) 信息系统情况

01 系统名称	本单位系统名称	02 系统编号	0 0 0 0 1
03系统承载业务情况	业务类型	□1 生产作业 □2 指挥调度 □3 管理控制 □4 内部办公 □5 公众服务 □9 其他 (必填)	
	业务描述	备案系统由何单位开发设计、由何单位运维、在什么范围内提供什么服务、服务器托管情况(机房地点及托管机构名称)、网络域名	
04系统服务情况	服务范围	□10 全国 □11 跨省(区、市)跨 个 □20 全省(区、市) □21 跨地(市、区)跨 个 □30 地(市、区)内 □99 其它 (必填)	
	服务对象	□1 单位内部人员 □2 社会公众人员 □3 两者均包括 □9 其他 (必填)	
05系统网络平台	覆盖范围	□1 局域网 □2 城域网 □3 广域网	
	网络性质	□1 业务专网 □2 互联网 □9 其它 (必填)	
06系统互联情况		□1 与其他行业系统连接 □2 与本行业其他单位系统连接 □3 与本单位其他系统连接 □9 其它 (必填)	

07关键产品使用情况

序	产品类型	数量	使用国产品率		
			全部使用	全部未使用	部分使用及使用率
1	安全专用产品	必填	□	□	□ ___%
2	网络产品	必填	□	□	□ ___%
3	操作系统	必填	□	□	□ ___%
4	数据库	必填	□	□	□ ___%
5	服务器	必填	□	□	□ ___%
6	其他		□	□	□ ___%

08系统采用服务情况

序	服务类型		服务责任方类型		
			本行业(单位)	国内其他服务商	国外服务商
1	等级测评	□有 □无	□	□	□
2	风险评估	□有 □无	□	□	□
3	灾难恢复	□有 □无	□	□	□
4	应急响应	□有 □无	□	□	□
5	系统集成	□有 □无	□	□	□
6	安全咨询	□有 □无	□	□	□
7	安全培训	□有 □无	□	□	□
8	其它				

09 等级测评单位名称	等级测评机构代字 编号(京)-0GI (如没备案没有可填无)		
10 何时投入运行使用	年 月 日必填		
11 系统是否是分系统	□是 □否 (如选是请填下两项)		
12 上级系统名称	(必填没有填无)		
13 上级系统所属单位名称	(必填没有填无)		

図6.3 「信息系统安全等级保护备案表」の一部

信息系统安全等级保护定级报告

（起草参考实例，多页盖骑缝章）

一、X省邮政金融网中间业务系统描述

（一）该中间业务于*年*月*日由*省邮政局科技立项，省邮政信息技术局自主研发。目前该系统由技术局运行维护部负责运行维护。省邮政局是该信息系统业务的主管部门，省邮政局委托技术局为该信息系统定级的责任单位。

（二）此系统是计算机及其相关的和配套的设备、设施构成的，是按照一定的应用目标和规则对邮储金融中间业务信息进行采集、加工、存储、传输、检索等处理的人机系统。整个网络分为两部分，（图略），第一部分为省数据中心，第二部分为市局局域网。

在省数据中心的核心设备部署了华为的 S**三层交换机，……

在省数据中心的网络中配置了两台与外部网络互联的边界设备：天融信 NGFW 4**防火墙和 Cisco 2**路由器……

省数据中心网络中剩下的一部分就是与下面各个地市的互联。其中主要设备部署的是……整个省数据中心网络中的所有设备系统都按照统一的设备管理策略，只能现场配置，不可远程拨号登录。

整个信息系统的网络系统边界设备可定为 NGFW 4** 与 Cisco 2**。Cisco 2** 外联的其它系统都划分为外部网络部分，而

図6.4 「信息系统安全等级保护定级报告」の冒頭部分

等級保護認証の申請対象

「GB/T 22240-2020 网络安全等级保护定级指南」5項によると、等級保護認証の対象となるのは、「情報システム」（信息系统）、「通信ネットワーク機器」（通信网络设施）、「データ資源」（数据资源）です。

情報システム

情報システムとは、中国国内で運用されているコンピューターや電子機器で構成され、自社で保有し運用しているアプリケーションやデータを含むシステムを指し、次の特徴を持つものをいいます。

- 特定のセキュリティ責任者が配置されている
- 独立したビジネスアプリケーションをホストする
- 相互に関連する複数のリソースを含む

同一のセキュリティ責任者が責任を負う範囲内のシステムであれば、関連する複数リソース（データ、システム、スタッフなど）を共有しているアプリケーションを1つの情報システムとしてまとめられるので、等級保護認証の申請コストと申請負荷を軽減するためにも、できるだけ包括的に情報システムを定義したいところです[2]。

情報システムのまとめ方は、物理的な所在地を含むシステム構成図、データ連携図、稼働中のサーバーの一覧、利用しているアプリケーションの一覧、各サーバーおよびアプリケーションの利用者、各サーバーおよびアプリケーションの管理者、各サーバーおよびアプリケーションのセキュリティ責任者といった情報を整理した上で、事前に公安当局や評価機関に相談して決定します。

もちろん、実務上は等級保護認証の申請数が少ないに越したことはあり

---

[2] 同一のアプリケーションであっても、異なるデータセンターからデータ資源を供給され、個別に処理している場合には関連性がないとして異なるシステムと認識されます。また、グループで同一のアプリケーションを採用していても、各子会社が個別に管理している場合には、「主要なセキュリティ責任」が同一ではないため、異なるシステムとみなされます。

ません。これを機会として、システムの整理、統合を行い、合理化を検討することも一手です。

「GB/T 22240-2020 网络安全等级保护定级指南」5.1項では、情報システム全般についての定義に加え、クラウドを利用したシステム、IoT機器、製造管理システムについて、追加的要件が定められています。

■クラウドを利用したシステムの追加要件

　クラウド環境では、クラウドサービス利用者のシステムと、クラウドサービス提供者が提供するクラウドプラットフォームまたはクラウドシステムは、異なる等級保護認証の対象と区別します。クラウドプラットフォームが等級保護認証を取得していても、クラウドサービスの利用者がクラウド上に構築しているシステムについて、等級保護認証の申請対象となる点に注意をしてください。

■IoT機器

　IoTシステムは全体を1つのシステムとして等級保護認証の申請対象とします。IoTシステムを構成する要素（センサー、ネットワーク伝送、処理アプリケーションなど）は同一の等級保護認証の対象評価とし、要素ごとに個別評価しません。

■製造管理システム

　製造管理システムは全体を1つのシステムとして等級保護認証の申請対象とします。現場で情報を取得・実行するシステム、現場で制御を行うシステム、プロセスを制御するシステムなど、製造管理システムを構成する要素を個別に評価する必要はありません。しかし、製造管理システムに生産計画を入力する生産管理システムについては、製造管理システムと分けて等級保護認証の申請対象となります。

　なお、大規模な製造管理システムについては、システムの機能、責任主体、管理対象、製造者などを基準に複数の等級保護認証の対象となる可能性があります。

■モバイルインターネット技術

　モバイルインターネット技術を用いたシステムは、その構成要素である
モバイル端末、モバイルアプリ、無線ネットワークなどの要素について、
全体を1つのシステムとして等級保護認証の対象とすること、個別に等級保
護認証の対象とすること、いずれも可能です。

通信ネットワーク機器

　電気通信ネットワーク、ラジオ・テレビ送信ネットワーク、その他の通
信ネットワーク設備については、セキュリティを担当する主体、サービス
の種類、提供する地域などに応じて、異なる等級を取得することが適当と
されています。

　等級保護認証の申請は省ごとに行いますが、ネットワークはその性質上、
省をまたいで展開していることがあります。省をまたぐ業種や専用線通信
網を利用する企業については、全体を1つのシステムとして等級保護認証の
対象とすることも、個別に等級保護認証の対象とすることも可能です。

データ資源

　ビッグデータなどのデータ資源は、単独で等級保護認証の対象とするこ
とができます。また、同一のセキュリティ責任者がビッグデータとビッグ・
データ・プラットフォームの両方を管理している場合は両者を1つのシステ
ムとして等級保護認証の申請を行うことができます。セキュリティ責任者
が異なる場合には異なるシステムとして等級保護認証の申請を行わなけれ
ばなりません。

6.2 等級の決定

　等級の分類と決定については第2章のQ12で紹介したとおりです。ここでは、もう一歩踏み込んで、等級の判定方法について説明します。

　情報システム等級の判定は、システムとシステムが扱う情報について、それぞれインシデントが発生した場合に被害を受ける対象とその被害の程度をもとに判断します（**図6.5**）。この両者の等級が一致すればよいのですが、異なるケースも多くあります。その場合は、システムとシステムが扱う情報について別々に等級を決め、高いほうの等級を情報システム全体の等級として採用します。

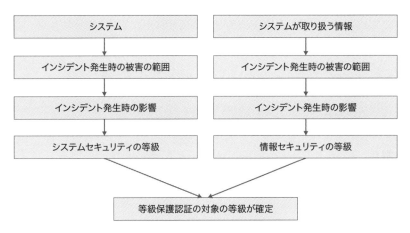

図6.5　等級保護認証の対象となる等級を判定するフロー

インシデント発生時の被害の範囲

あるシステムのリスクは、インシデントが発生した際に被害を受ける対象によって異なります。「GB/T 22240-2020 网络安全等级保护定级指南」では、被害の範囲を、リスクの高いものから順に「国家安全保障」「社会秩序と公共の利益」「市民、法人、その他の組織」の3つに分類します。

国家安全保障に影響を与えるケース
- 国家権力の安定、領土主権と海洋権益の保全に影響を与える場合
- 国民の団結力、国民の連帯感、社会の安定に影響を与える場合
- 国家社会主義市場の経済秩序と文化力に影響を与える場合

社会秩序と公共の利益に影響を与えるケース
- 国家機関、企業・機関、社会組織の生産秩序、業務秩序、教育・研究秩序、医療・健康秩序に影響を与える場合
- 公共の場での活動の秩序、公共交通機関の秩序に影響を与える場合
- 人々の生活の秩序に影響を与える場合

個人・組織の合法的な権益に影響を与えるケース
- 地域住民による公共施設の利用に影響を与える場合
- コミュニティの一員のオープンデータ資源へのアクセスに影響を与える場合
- コミュニティの一員が公共サービスを受けることに影響を与える場合

インシデント発生時の影響

インシデントが発生した場合、システムが取り扱う情報への損害とシステムそのものへの損害が生じます。システムが取り扱う情報への損害とは、情報の機密性、完全性、可用性が損なわれることを指します。システムそのものへの損害とは、システムが本来意図しているサービスを適切に提供できなくなることを指します。

いずれの場合も、インシデントが発生すると職務遂行が難しくなったり、運用能力が低下したり、あるいは裁判の発生、システム内資産の棄損、社会生活の阻害などの物質的な被害が生じる可能性があります。被害による影響の度合いとしては3つの尺度が用意されており、それぞれ「一般的な侵害」「著しい侵害」「特に著しい侵害」として規定されています。

■一般的な侵害
職務機能への部分的な影響、主要機能の遂行に影響を与えない程度の業務能力の低下、深刻度の低い法的問題、低い財産的損害、限定的な社会的悪影響、他の組織や個人への軽微な被害や損害の発生

■著しい侵害
職務上の機能への深刻な影響、業務能力の大幅な低下、主要機能の遂行への深刻な影響、より深刻な法的問題、より深刻な財産的損害、より広範な社会的悪影響、他の組織や個人へのより深刻な損害

■特に著しい侵害
職務上の機能の遂行に特に深刻な影響を与えたり不能にする、業務能力が著しく低下したり機能を遂行できなくなったりする極めて深刻な法的問題、極めて深刻な財産的損害、広範な社会的悪影響、他の組織や個人に対する極めて高い損害

等級の判定

　ここまで定義してきた被害の範囲と被害の影響の尺度をもとに、システムの等級とシステムが扱う情報の等級を判断し、高いほうの等級を全体の等級として定めます。たとえばシステムの等級が2級でシステムを扱う情報の等級が3級に該当する場合は、より等級が高い3級が情報システム全体の等級となる、という具合です。

　情報システム全体の等級は申請時に申請主体が決定しますが、最終的には公安部が決定するため、申請後の差し戻しを避けるためにも申請前に公安や評価機関と調整をした上で申請するのが賢明です。

6.3 等級保護認証のための セキュリティ対策

公安部によって等級が決定されるとシステム備案番号が発行されます。システム備案番号が発行されてはじめて評価機関の等級審査を受けることができます。ネットワーク運営者は等級の審査に向けて、確定した等級に応じたセキュリティ対策を行います。

▌等級3級で求められる構成の例

等級保護の各等級で備えるべきセキュリティ要件は「GB/T 28448-2019 信息安全技術 网络安全等級保护测评要求」で規定されています。

ここでは、私が一緒に仕事をさせていただいているアリババクラウド[3] を用いて3級の等級で要求されるセキュリティ要件に合致したシステムを構成した場合の例をご紹介しましょう（**図6.6**）。

■ユーザーのアクセスと管理者のアクセスの分離

この構成では一般ユーザーがシステムにアクセスするルートと、サーバーを管理するユーザーがシステムにアクセスするルートを切り分けています。パブリックインターネット経由で管理者用のURLにアクセスしパスワードを入力して管理者画面に行くという構成や、パブリックインターネットから直接サーバーのコマンド入力を受け付けるといった構成は3級の要件として認められません。

---

[3] アリババクラウドは等級保護の技術的要件策定メンバーであり政策・技術に対して深い理解を有しています。また、等級保護認証取得済みのクラウドセキュリティ製品を数多く揃えているためクラウド上で比較的容易に等級保護認証取得が完了できます。

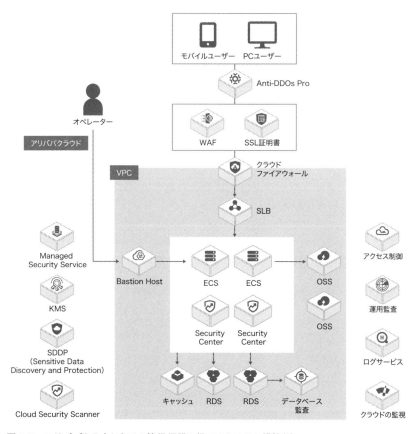

図6.6　アリババクラウド上での等級保護3級でのシステム構築例

■管理者権限の一元管理と操作ログの保存

　この構成では管理者権限を持つユーザーがサーバーにアクセスする際、必ず踏み台サーバーを経由してアクセスする構成としています。これによって、管理者権限を持つユーザーが行った操作をすべてログとして記録することができるようになります。特権アクセスの管理は重要なものですが、人為的なミスが生じやすい部分でもあります。万が一、ミスが生じても安全性を担保できる設計としておくことが重要です。

■センシティブデータの監視と管理

　最近はデータ単位でセキュリティ対策を実施する必要が生じています。この構成ではセンシティブなデータを自動で識別、分類することで、ビッグデータのセキュリティ対策と個人情報保護対策を同時に行っています。メリハリのついたデータセキュリティ対策を実施することで、情報漏洩対策を強化できます。

■データベースの監視

　この構成では、データベースの通信トラフィックを分析、監査し、サイバー攻撃への警告やデータ監視といったセキュリティ対策を行っています。異常が検知されると、次に紹介するセキュリティサービスが発動され、迅速なインシデント対応が実行される仕組みとなっています。

■セキュリティサービスとの統合

　等級保護3級では24時間の監視体制とインシデント対応が求められます。しかし、セキュリティ体制が十分成熟していない限り、この対応を実現することは困難です。ここでは、アリババクラウドが提供するセキュリティのマネージドサービスを使ってユーザーデータの監視を行います。

セキュリティ対策で利用するセキュリティ製品

　「信息安全等級保护管理办法」（情報セキュリティ等級保護マネジメントに対するガイドライン）では、利用するセキュリティ製品について、次の内容を確認するよう求めています。

- 中国において独立した法人格を有する製造元であること
- 製品のコア技術とキーコンポーネントについて独自の知的財産権を有していること
- その主な業務、技術担当者に犯罪歴がないこと
- 抜け道、バックドア、トロイの木馬、その他のプログラムや機能を意図

　して設置していないこと
- 国家安全保障、社会秩序、公共の利益を損なわないこと
- （認証ディレクトリに掲載されている情報セキュリティ製品については）
  国家認証機関が発行した認証書を取得していること

　等級保護認証を取得する際は、セキュリティ製品の要件についても注意を払うようにしてください。

6.4 等級保護認証の取得とその後

等級保護認証の取得

　等級保護認証のためのセキュリティ対策が終われば、評価機関による認定評価を受けます。評価機関については、中国（香港、マカオ、台湾を除く）の法人であること、業務にあたる担当者は中国国籍の者に限定していることなど「信息安全等級保護管理办法」にいくつかの要件があります。等級保護認証の審査に対応可能な評価機関は、公安部第三研究所が公開しているウェブサイトで閲覧可能です[4]。

　評価機関は、「GB/T 36627-2018 网络安全等级保护测评过程指南」（ネットワークセキュリティ等級保護評価プロセスのガイドライン）に準拠して審査を行います。評価機関による審査に合格すると「信息安全等级测评推荐证书」（情報セキュリティ等級評価推薦証書）が発行されます。申請者は、システム備案番号（备案号）が記された「信息系统安全等级保护备案表」と「信息安全等级测评推荐证书」を公安部に提出します。

　公安当局の書類審査が無事完了すると、「信息系统安全等级保护备案证明」（情報システム安全等級保護備案証明）が発行され、等級保護認証の取得は完了します。

認証取得の費用、取得後

　等級保護の申請、登録、証明書発行といった公安部の行う業務には費用は発生しません。しかし、評価機関には費用の支払いが発生します。価格は申請等級や申請地域によって異なりますが、上海の場合、2級の取得で9

[4] ウェブサイト（http://www.djbh.net/）から「全国等级保护测评机构推荐目录查询」を選択してください。

万人民元、3級の取得で16万人民元程度が相場です（2020年時点）。

　等級保護認証の取得をコンサルティング会社に依頼する場合は、20万元から30万元程度でコンサルティングを受けられます。よいコンサルティング会社を選択すれば、申請者に代わって公安当局や評価機関とコミュニケーションを行い、手続きの代行までしてくれます。

　評価機関による審査を受ける前にセキュリティ対策を補う必要が生じた場合、対策費用が発生します。新たに設備やサービスを購入する際には追加費用が発生するので注意してください。

　認証取得後は、2級であれば2年に一度更新審査があります。3級であれば毎年更新審査が行われます。維持に要する費用やリソースについても忘れず予算を取っておくことが大切です。

Appendix

1. 中国データ関連法（日本語訳）
2. 等級保護制度適用プロジェクト実務資料

※下記の著者サイトより、中国サイバーセキュリティ法、中国暗号法、データセキュリティ法、中国個人情報保護法をまとめて、「中国データ関連4法日本語訳」として PDF ファイルをダウンロードすることができます。

https://technica-zen.com/cn_book_dl/

中国サイバーセキュリティ法

訳：寺川貴也

第1章 総則
第2章 ネットワークセキュリティへの支援と促進
第3章 ネットワーク運営のセキュリティ
　　第1節 一般的なルール
　　第2節 重要情報インフラのオペレーションセキュリティ
第4章 ネットワーク情報のセキュリティ
第5章 監視、警告、緊急時の対応
第6章 法的責任
第7章 附則

中华人民共和国网络安全法
http://www.cac.gov.cn/2016-11/07/c_1119867116.htm
(2016年11月7日 第12期全国人民代表大会常務委員会第24回で採択)
※翻訳は本書の理解の一助とするために用意したものです。法的な解釈を行う際には、法律の原文をもとに中国法の弁護士に相談してください。なお、ここでは読みやすさのために原文にはない段落番号を追記しています。

▌第1章 総則

第1条 本法は、ネットワークセキュリティを保護し、サイバースペースの主権と国家安全保障および社会の公益を守り、市民、法人、その他の組織の正当な権利と利益を保護し、経済・社会の情報化の健全な発展を促進するために制定される。

第2条 中国国内で構築、運営、保守、使用するネットワークおよびネットワークセキュリティの監督、管理について、本法を適用する。

第3条　国家は、ネットワークセキュリティと情報の発展を等しく重視することを主張し、積極的な利用、科学的な発展、法律に基づく管理、セキュリティの確保という方針に従い、ネットワークインフラの構築と相互接続を促進し、ネットワーク技術の革新と応用を奨励し、ネットワークのセキュリティ人材の育成を支援し、健全なネットワークセキュリティ保証システムを構築し、ネットワークセキュリティ保護能力を向上させる。

第4条　国は、ネットワークのセキュリティ戦略を策定し、継続的に改善し、ネットワークセキュリティの基本的な要件と主な目標を明示し、主要な分野におけるネットワークセキュリティの方針、作業課題、措置を提起する。

第5条　国は、中国の国内外で発生するネットワークセキュリティのリスクと脅威を監視し、防御し、対処するための措置を講じ、重要情報インフラを攻撃、侵入、干渉、破壊から保護し、ネットワーク犯罪行為を法律に基づいて処罰し、サイバースペースの安全と秩序を維持し、保護しなければならない。

第6条　国は、正直で信頼できる、健全で文化的なオンライン行動を提唱し、社会主義の中核的価値観の普及を促進し、社会全体のネットワークセキュリティに対する意識とレベルを高めるための措置を講じ、社会全体がネットワークセキュリティの推進に参加できるような良好な環境を形成する。

第7条　国は、サイバースペースのガバナンス、ネットワーク技術の研究開発および基準の策定、ならびにネットワーク犯罪との闘いに関する国際交流および協力を積極的に行い、平和で安全、開放的かつ協力的なサイバースペースの構築および多国間で民主的かつ透明性のあるネットワーク・ガバナンス・システムの構築を促進する。

第8条 国家ネットワーク情報部門は、ネットワークセキュリティ業務の調整および関連する監督・管理業務に責任を負う。国務院電気通信主管部門、公安部門およびその他の関連機関は、本法ならびに関連法および行政法規の規定に従い、それぞれの責任範囲内でネットワークセキュリティの保護および監督に責任を負う。

2. 県レベル以上の地方人民政府の関連部門のネットワークセキュリティ保護、監督に関する責任は、関連する国の規則に従って決定されなければならない。

第9条 事業およびサービス活動を行うネットワーク運営者は、法律および行政規則を遵守し、社会道徳を尊重し、企業倫理を守り、誠実で信頼性があり、ネットワークセキュリティを保護する義務を果たし、政府および社会の監督を受け入れ、社会的責任を負わなければならない。

第10条 ネットワークの構築あるいは運営、またはネットワークを介したサービスの提供は、法律および行政法規の規定および国家規格の必須要件に従い、技術的措置およびその他の必要な措置を講じ、ネットワークセキュリティおよび安定したネットワーク運用を確保し、ネットワーク・セキュリティ・インシデントに効果的に対応し、サイバー犯罪行為を防止し、ネットワークデータの完全性、機密性、可用性を維持することができる。

第11条 ネットワーク関連の業界団体は、その定款に基づき、業界の自主規制を強化し、サイバーセキュリティに関する行動規範を策定し、会員にネットワークセキュリティの保護を強化するよう指導し、サイバーセキュリティの保護水準を向上させ、業界の健全な発展を促進するものとする。

第12条 国は、国民、法人、その他の組織が法律に従ってネットワークを利用する権利を保護し、ネットワークへのアクセスの普及を促進し、ネットワークサービスの水準を高め、社会に安全で便利なネットワークサービスを提供し、ネットワーク情報が法によって自由に流通することを保証す

る。

2.　いかなる個人および組織も、ネットワークを使用する際、憲法、法律を遵守し、公序良俗を遵守し、社会道徳を尊重し、ネットワークセキュリティを損なってはならず、ネットワークを利用して国家の安全、栄誉、利益を損なう活動、国家政権の転覆、社会主義体制の転覆を扇動し国家の分裂および国家統一を破壊することを扇動し、テロリズムや過激主義を助長する活動、民族憎悪や民族差別を助長する活動、暴力やわいせつ情報、ポルノ情報を流布する活動、虚偽の情報を捏造、流布し経済や社会秩序を乱す活動、他人の名誉、プライバシー、知的財産権、その他の適法な権利、利益を侵害する活動を行ってはならない。

第13条　国は、未成年者の健全な成長に資するネットワーク製品およびネットワークサービスの研究開発を支援し、未成年者の身体的および精神的な健康に有害な活動のためのネットワークの利用を法律に基づいて処罰し、未成年者に安全かつ健全なネットワーク環境を提供する。

第14条　いかなる個人および団体も、ネットワークセキュリティに危害を及ぼす行為を、ネットワーク部門、通信部門、公安部門などに通報する権利を有する。報告を受領した部門は、法律に従ってすみやかに処理を行わなければならない。部門の職責に属さない場合は、すみやかに処理する管轄部門に照会しなければならない。

2.　関係部門は、通報者の関連情報を秘密にし、通報者の合法的な権益を保護しなければならない。

第2章　ネットワークセキュリティへの支援と促進

第15条　国はネットワークセキュリティ標準システムを確立し、改善する。国務院標準化行政部門および国務院の他の関連部門は、それぞれの責任に基づき、ネットワークセキュリティ管理に関連する国家標準および業界標準の策定と適時の改訂、ならびにネットワーク製品、サービス、運用のセ

キュリティを組織する。

2.　国は、企業、研究機関、高等教育機関、ネットワーク関連の業界団体が、ネットワークセキュリティの国家標準や業界標準の策定に参加することを支援する。

第16条　国務院および中央政府直属の省、自治区、直轄市の人民政府は、計画を調整し、投資を増やし、ネットワークセキュリティ技術の主要産業およびプロジェクトを支援し、ネットワークセキュリティ技術の研究、開発、および応用を支援し、安全で信頼できるネットワーク製品およびネットワークサービスを促進し、ネットワーク技術の知的財産権を保護し、企業、研究機関および高等教育機関などの国家ネットワークセキュリティ技術革新プロジェクトへの参加を支援する。

第17条　国はネットワークセキュリティの社会化されたサービスシステムの構築を促進し、関連する企業や機関がネットワークセキュリティの認証、試験、リスク評価、その他のセキュリティサービスを実施することを奨励する。

第18条　国はネットワークデータのセキュリティ保護と利用技術の開発を奨励し、公共データ資源の開放を促進し、技術革新と経済・社会の発展を促進する。

2.　国はネットワークセキュリティ管理の革新と新しいネットワーク技術の使用を支援し、ネットワークセキュリティ保護のレベルを向上させる。

第19条　各級の人民政府およびその関連部門は、定期的にネットワークセキュリティの広報、教育を実施し、関連部門がネットワークセキュリティに関する良好な広報・教育を行うように指導・監督しなければならない。

2.　マスメディアは、地域社会を対象としたサイバーセキュリティに関する教育を実施する。

第20条 国は企業や高等教育、職業訓練校などの教育・訓練機関が、ネットワークセキュリティに関する教育・訓練を実施し、ネットワークセキュリティ人材を育成するためのさまざまな方法を採用し、ネットワークセキュリティ人材の交流を促進することを支援する。

第3章　ネットワーク運営のセキュリティ

第1節　一般的なルール

第21条 国はネットワークセキュリティ等級保護制度を実施する。ネットワーク運営者は、ネットワークセキュリティ等級保護制度の要件に従い、以下のセキュリティ保護義務を履行し、ネットワークを妨害、破壊、不正アクセスから保護し、ネットワークデータの漏洩、盗難、改ざんを防止する。

(1) 内部のセキュリティ・マネジメント・システムおよびオペレーションに関する規定を制定し、ネットワークセキュリティの責任者を確定し、ネットワークセキュリティ保護に対する責任を履行する

(2) コンピューターウイルスやネットワーク攻撃、ネットワーク侵入など、ネットワークセキュリティを脅かす行為を防止するための技術的措置を講じること

(3) ネットワークの運用状況およびネットワーク・セキュリティ・イベントを監視および記録するための技術的手段を採用し、規則に従って関連するネットワークログを6ヶ月間以上保持すること

(4) データの分類、重要なデータのバックアップ、暗号化などの措置をとること

(5) その他、法律や行政法規で定められた義務

第22条 ネットワーク製品およびネットワークサービスは、関連する国家規格の強制要件に適合しなければならない。ネットワーク製品やネットワークサービスの提供者は、悪意のあるプログラムを設置してはならない。ネットワーク製品やネットワークサービスにセキュリティ上の欠陥やセキュリ

ティホールなどのリスクが判明した場合には、直ちに救済措置を講じるとともに、規定に従い、ユーザーにすみやかに通知し、関係する所轄当局に対して報告しなければならない。

2. ネットワーク製品およびネットワークサービスの提供者は、製品およびサービスのセキュリティの保守と保護を継続的に提供しなければならない。当事者が約定した期間は、セキュリティの保守と保護の提供を終了してはならない。

3. ネットワーク製品およびネットワークサービスがユーザー情報を取得する機能を持つ場合、その提供者はユーザーにこれを明示し、ユーザーの同意を得なければならない。ユーザーの個人情報にかかわる場合は、本法、ならびに関連する個人情報保護に関する関連法および行政法規の規定を遵守しなければならない。

第23条 ネットワークの重要設備およびネットワークのセキュリティ専用製品は、関連する国家規格の強制要件に従った、有資格機関によるセキュリティ認証に合格するか、セキュリティ検査の結果が要件を満たす場合にのみ、販売または提供することができる。国のネットワーク情報部門は、国務院の関連部門と協同して、ネットワーク重要設備とネットワークセキュリティ専用製品の目録を制定、公表し、セキュリティ認証とセキュリティ検査結果の相互認証を推進し、認証と検査の重複を回避する。

第24条 ネットワーク運営者がユーザーに対して、ネットワークアクセス、ドメイン名登録サービス、固定電話、携帯電話などのネットワーク接続手続き、または情報発信、インスタントメッセージなどのサービスを提供するために、ユーザーと契約を締結する際、またはサービスの提供を確認する際には、ユーザーに実在するID情報の提供を求めなければならない。ユーザーが真のID情報を提供しない場合、ネットワーク運営者は当該ユーザーに関連するサービスを提供してはならない。

2. 国は、ネットワーク信頼性のあるID戦略を実施し、安全で便利な電子ID認証技術の研究開発を支援し、異なる電子ID間の相互認識を推進する。

第25条 ネットワーク運営者は、ネットワーク・セキュリティ・インシデント緊急対応計画を制定し、システムのセキュリティホール、コンピューターウイルス、ネットワーク攻撃、ネットワーク侵入などのセキュリティリスクにすみやかに対応できるようにしなければならない。ネットワークセキュリティを危険にさらすインシデントが発生した場合には直ちに緊急対応計画を発動し、適切な救済措置を講じ、規定に従い関係主管当局に報告しなければならない。

第26条 ネットワークセキュリティ認証、テスト、リスク評価などの活動を行い、システムのセキュリティホール、コンピューターウイルス、ネットワーク攻撃、ネットワーク侵入などのネットワークセキュリティ情報を社会に対し公開する際には、関連する国の規制に従わなければならない。

第27条 いかなる個人および組織も、他人のネットワークへ不法に侵入する、他人のネットワークの正常な機能を妨害する、ネットワークデータを盗むなど、ネットワークセキュリティに危害を及ぼす活動に従事してはならない。ネットワークへの侵入、ネットワークの正常な機能や保護措置の妨害、ネットワークデータの盗用など、ネットワークセキュリティに危害を及ぼす活動に従事することを目的としたプログラムやツールを特別に提供してはならない。他人がネットワークセキュリティに危害を及ぼす活動に従事していることを知っている場合、その者に技術サポート、広告宣伝、支払決済などの支援を行ってはならない。

第28条 ネットワーク運営者は、公安機関および国家安全保障機関が法律に則って国家の安全を維持し、犯罪捜査を行う活動に対し、技術的な支援や援助を提供しなければならない。

第29条 国は、ネットワーク運営者間でネットワークセキュリティ情報の取得、分析、通知、緊急対応措置などについて協力することを支持し、ネットワーク運営者のセキュリティ保護能力を向上させる。

2.　関連業界団体は、それぞれの業界のネットワークセキュリティ保護規範や協力メカニズムを確立、改善し、ネットワーク・セキュリティ・リスクの分析と評価を強化し、会員に定期的なリスクアラートを提供し、会員のネットワーク・セキュリティ・リスクへの対応を支援、サポートする。

第30条　ネットワーク情報部門および関連部門がネットワークセキュリティ保護の職務上知り得た情報は、ネットワークセキュリティの維持に必要な場合にのみ使用し、他の目的に使用してはならない。

第2節　重要情報インフラのオペレーションセキュリティ

第31条　国は、公共の通信情報サービス、エネルギー、交通、水資源、金融、公共サービス、電子政府などの重要な産業や分野で、破損、機能喪失、あるいはデータ漏洩などにより、国家安全保障、国民生活、公共の利益を著しく損なう可能性のある重要な情報インフラについては、ネットワークセキュリティ等級保護制度に基づいた、重点保護を実施する。重要情報インフラの具体的な範囲とセキュリティ保護方法については、国務院が制定する。

2.　国は、重要情報インフラ以外のネットワーク運営者に対しても、自発的に重要情報インフラ保護システムに参画することを推奨する。

第32条　国務院が規定する職責分担に従い、重要情報インフラのセキュリティ保護に責任を負う部門は、各業界、分野における重要情報インフラのセキュリティ計画の実施を準備、組織し、重要情報インフラの運用に係るセキュリティ保護を指導、監督する。

第33条　重要情報インフラを構築する際は、事業の安定的かつ持続的な運営を支える性能が備わっていることを確実に保証し、同時にセキュリティ技術措置が計画、構築、使用されることを保証しなければならない。

第34条　本法第21条の規定以外に、重要情報インフラの運用者は、以下に

挙げるセキュリティ保護義務を履行しなければならない。

(1) 専門のセキュリティマネジメント組織とセキュリティマネジメントに責任を負う者を設置し、当該責任者と重要な職位のスタッフのセキュリティ・バックグラウンド・チェックを行う。

(2) 定期的に、実務者に対しサイバーセキュリティ教育、技術研修、スキル評価を行う。

(3) 重要なシステムや重要なデータベースについて、災害に備えたバックアップをとる。

(4) ネットワーク・セキュリティ・インシデント対応計画を策定し、定期的に訓練を行う。

(5) その他、法律や行政法規で定められた義務。

第35条 重要情報インフラ運営者がネットワーク製品やネットワークサービスを調達する場合、国家安全保障に影響を与える可能性がある場合は、国家ネットワーク情報部が国務院の関連部門と連携して組織する国家安全保障審査に合格しなければならない。

第36条 重要情報インフラ運営者がネットワーク製品やサービスを調達する場合、規定に基づき、プロバイダーとセキュリティ機密保持契約を締結し、セキュリティおよび機密保持の義務と責任を明確にしなければならない。

第37条 重要情報インフラ運営者が中国国内における運営を通じて取得、生成した個人情報および重要データは中国国内に保存しなければならない。業務上、国外にデータを提供する確かな必要性がある場合には、国家ネットワーク情報部門が国務院の関連部門と共同して制定するガイドラインに従い、セキュリティ評価を行わなければならない。法律または行政法規で別段の定めがある場合には、その規定に従うものとする。

第38条 重要情報インフラ運営者は、独自に、あるいはネットワーク・セ

キュリティ・サービス機関に委託し、ネットワークのセキュリティの状況および存在し得るリスクを、年に一度、検査し評価しなければならない。また、検査・評価の状況および改善措置について、重要情報インフラのセキュリティ保護を担当する関連部門に報告しなければならない。

第39条 国家ネットワーク情報部門は、関連部門による重要情報インフラのセキュリティ保護のための以下の措置を講じさせなければならない。

(1) 重要情報インフラのセキュリティリスクを抜き打ちで検査、テストし、改善措置を提出する。必要な場合は、ネットワーク・セキュリティ・サービス機関にネットワーク上に存在するセキュリティリスクをテスト、評価させることができる。

(2) 定期的に重要情報インフラ運用者によるネットワークセキュリティ緊急訓練を開催し、ネットワーク・セキュリティ・インシデントへの対応レベルと連携能力を向上させる。

(3) 関連部門、重要情報インフラ運営者、および関連研究機関やネットワーク・セキュリティ・サービス機関などとの間で、ネットワークセキュリティに関する情報共有を促進する。

(4) ネットワーク・セキュリティ・インシデントの緊急対応やネットワーク機能の回復などについて、技術的な支援および協力を提供する。

第4章　ネットワーク情報のセキュリティ

第40条 ネットワーク運営者は、取得したユーザー情報の秘密を厳守し、ユーザー情報保護のための健全な体制を構築しなければならない。

第41条 ネットワーク運営者が個人情報を取得、利用する際は、適法性、正当性、必要性の原則に則り、取得、利用のルールを公開し、取得、利用の目的、方法、範囲を明示し、本人の同意を得なければならない。

2. ネットワーク運営者は、提供するサービスと無関係な個人情報を取得してはならない。また、法律や行政法規の規定および当事者間の合意に違

反して個人情報を取得、利用してはならない。さらに、保有する個人情報を法律や行政法規の規定および当事者間の合意に基づいて処理しなければならない。

第42条 ネットワーク運営者は、取得した個人情報を漏洩、改ざん、破壊してはならない。また、本人の同意なく個人情報を他人に提供してはならない。ただし、特定の個人を識別できないよう処理されており、復元できない場合を除く。

2. ネットワーク運営者は、技術的措置その他必要な措置を講じ、取得した個人情報のセキュリティを確保し、情報の漏洩、破壊、紛失を防止しなければならない。個人情報が漏洩、破壊、紛失した場合、またはその可能性がある場合には、直ちに是正措置を講じ、規定に基づいてすみやかにユーザーに通知するとともに、関係する所轄当局に報告しなければならない。

第43条 個人は、ネットワーク運営者が法律、行政法規の規定あるいは双方の合意に違反して自身の個人情報を取得、利用していることを発見した場合、ネットワーク運営者に対して当該個人情報を削除するよう請求する権利を有する。ネットワーク運営者が取得または保存している個人情報に誤りがあることを発見した場合には、ネットワーク運営者に対して訂正を求める権利を有する。ネットワーク運営者は、これを削除または修正するための措置を講じなければならない。

第44条 いかなる個人および組織も、盗む、またはその他の方法で個人情報を不法に入手してはならない。また、個人情報を不法に販売してはならない。さらに、不法に他人に提供してはならない。

第45条 法律に基づいてネットワークセキュリティの監督管理を行う部門および職員は、職務遂行上知り得た個人情報、プライバシー、商業上の秘密を厳守し、他人に漏洩、販売、または違法に提供してはならない。

第46条　いかなる個人および組織も、ネットワークを利用して行う行為に責任を負わなければならない。詐欺の実施、犯罪方法の伝授、禁制品、規制品の製造または販売など違法な犯罪活動用のウェブサイトや通信グループを設立してはならない。また、ネットワークを利用して詐欺行為を行うこと、禁制品、規制品の製造または販売、その他の違法な犯罪行為にかかわる情報を掲載してはならない。

第47条　ネットワーク運営者は、そのユーザーが投稿した情報の管理を強化し、法律や行政法規で公開や送信が禁止されている情報を発見した場合には、直ちに当該情報の送信を停止し、消去などの措置を行い、情報の拡散を防止し、関連記録を保存し、関係する管轄当局に報告しなければならない。

第48条　いかなる個人および組織が送信する電子情報および提供するアプリケーションソフトウェアは、悪意のあるプログラムを設置してはならず、法律および行政規則で公開または送信が禁止されている情報を含んではならない。
2.　電子情報送信サービスを提供する者、およびアプリケーション・ダウンロード・サービスの提供者は、セキュリティ管理義務を履行しなければならず、ユーザーが前項の行為を行ったことを知った場合には、サービスの提供を停止し、消去などの処分を行い、関連する記録を保管し、関係する所轄官庁に報告しなければならない。

第49条　ネットワーク運営者は、ネットワーク情報セキュリティに関する苦情、通報制度を設け、苦情、通報方法などを公表し、ネットワーク情報セキュリティに関する苦情、通報を適時に受け付け、対応しなければならない。
　ネットワーク運営者は、法律に基づいてネットワーク情報部門および関連部門が行う監督・検査に協力しなければならない。

第50条 国家ネットワーク情報部門および関連部門は、法律に基づいてネットワーク情報セキュリティの監督・管理の職務を遂行し、法律や行政法規で公開や送信が禁止されている情報を発見した場合は、ネットワーク事業者に送信の停止を要請し、消去などの処分措置を講じ、関連記録を保存しなければならない。中国国外から発信された上述の情報については、関連機関に通知して技術的措置その他の必要な措置を講じ、流布を阻止しなければならない。

第5章 監視、警告、緊急時の対応

第51条 国は、ネットワークセキュリティの監視と早期警報・情報通知システムを構築する。国家ネットワーク情報部門は、ネットワークセキュリティ情報の取得・分析・通知を強化するため、関連部門との調整を行い、規定に基づいて統一されたネットワークセキュリティ監視・早期警報情報を発行する。

第52条 重要情報インフラのセキュリティ保護を担当する部門は、それぞれの業界・分野におけるネットワークセキュリティの監視、早期警報、情報通知システムを構築、改善し、規定に基づいてネットワークセキュリティの監視・早期警報情報を報告しなければならない。

第53条 国家ネットワーク情報部門は、関連部門と連携して、ネットワークセキュリティのリスク評価と緊急対応メカニズムを構築、改善し、ネットワーク・セキュリティ・インシデントの緊急対応計画を策定し、定期的な訓練を実施する。

2. 重要情報インフラのセキュリティ保護に責任を負う部門は、それぞれの業界、分野におけるネットワーク・セキュリティ・インシデントに対する緊急計画を策定し、定期的に訓練を行わなければならない。

3. ネットワーク・セキュリティ・インシデントの緊急対応計画は、インシデント発生後の被害の程度および影響の範囲に応じて、ネットワーク・

セキュリティ・インシデントを分類し、対応する緊急処理措置を規定しなければならない。

第54条 ネットワーク・セキュリティ・インシデントのリスクが高まった場合、省レベル以上の人民政府の関連部門は、所定の権限と手続きに従い、ネットワークセキュリティのリスクの特性と引き起こされる可能性のある危害に応じて、以下の措置を講じなければならない。

(1) 関連部門・機関、担当者に、関連情報を適時に取得、報告することを求め、ネットワーク・セキュリティ・リスクの監視を強化する。

(2) 関連部門、機関、専門家を組織し、ネットワーク・セキュリティ・リスクに関する情報を分析、評価し、インシデントの可能性、影響範囲、危害の程度を予測する。

(3) 社会に対するネットワーク・セキュリティ・リスクの早期警告と、危害を回避、軽減するための対策を公表する。

第55条 ネットワーク・セキュリティ・インシデントが発生した場合、直ちにネットワーク・セキュリティ・インシデント緊急対応計画を発動し、ネットワーク・セキュリティ・インシデントの調査、評価を行い、ネットワーク事業者にセキュリティリスクの排除と拡大防止のための技術的措置、およびその他の必要な措置を要求しなければならない。また、公衆に関係する警告情報を速やかに社会に公開しなければならない。

第56条 省レベル以上の人民政府の関連部門は、ネットワークセキュリティの監督、管理の職務を遂行するにあたり、より大きなセキュリティリスクがあると判断した場合、あるいはセキュリティインシデントが発生したと判断した場合には、所定の権限と手続きに従い、ネットワーク運営者の法定代理人または主要担当者に聞き取りを行うことができる。ネットワーク運営者は、要求事項に従って危険性を是正、除去するための措置を講じるものとする。

第57条 ネットワーク・セキュリティ・インシデント、緊急事態、または生産安全事故による危機は、「中国緊急対応法」「中国生産安全法」およびその他の関連する法律および行政法規に従って処理される。

第58条 国家安全と社会公共秩序を維持し、社会の安全にとって重大な突発的事件に対処するために、国務院の決定あるいは承認に基づき、特定の地域でネットワーク通信の制限などの一時的な措置をとることができる。

第6章 法的責任

第59条 ネットワーク運営者が本法第21条および第25条で規定されたネットワークセキュリティ保護の義務を履行しない場合、関係主管部門は是正を命じ、警告を発する。是正を拒否した場合、あるいはネットワークセキュリティに危害を及ぼすなどの結果をもたらした場合には、1万元以上10万元以下の罰金を科し、直接の責任を負う者に5千元以上5万元以下の罰金を科す。

2. 　重要情報インフラ運営者が本法第33条、第34条、第36条および第38条で規定されたネットワークセキュリティ保護の義務を履行しない場合、関係主管部門は是正を命じ、警告を発する。是正を拒否した場合、あるいはネットワークセキュリティに危害を及ぼすなどの結果をもたらした場合には、10万元以上100万元以下の罰金を科し、直接の責任者には1万元以上10万元以下の罰金を科す。

第60条 本法第22条第1項、第2項と第48条第1項の規定に違反し、次に挙げる行為の1つを行った場合、関係主管部門は是正を命じ、警告を発する。是正を拒否した場合、あるいはネットワークセキュリティに危害を及ぼすなどの結果をもたらした場合には、5万元以上50万元以下の罰金を科し、直接の責任者に1万元以上10万元以下の罰金を科す。
  （1）悪意のあるプログラムを設置した場合
  （2）製品やサービスのセキュリティ上の欠陥やセキュリティホールなど

のリスクに対して直ちに是正措置を講じない、あるいは規定に従って遅滞なくユーザーに通知し、関係主管部門に報告することを怠った場合

（3）製品またはサービスについてのセキュリティの保守の提供を無断で終了した場合

第61条　ネットワーク運営者が、本法第24条第1項の規定に違反し、ユーザーに真の身元情報の提供を要求しない場合、あるいは真の身元情報を提供しないユーザーに関連サービスを提供した場合、関係主管部門は是正を命じる。是正を拒否した場合、または状況が深刻な場合は、5万元以上50万元以下の罰金を科し、かつ関係主管部門は関連業務の停止、操業停止、ウェブサイトの閉鎖、関連業務ライセンスの取り消し、事業ライセンスの取り消しを命じることができる。また、直接の責任者およびその他の直接責任を負う者に1万元以上10万元以下の罰金を科すものとする。

第62条　本法第26条の規定に違反し、ネットワークセキュリティ認証、テスト、リスク評価などの活動を行った場合、あるいはシステムのセキュリティホール、コンピューターウイルス、ネットワーク攻撃、ネットワーク侵入などのネットワークセキュリティ情報を社会に発信した場合には、関係主管部門は是正を命じ、警告を発する。是正を拒否した場合、または状況が深刻な場合は、1万元以上10万元以下の罰金を科し、かつ関係主管部門は関連業務の停止、操業停止、ウェブサイトの閉鎖、関連業務ライセンスの取り消し、事業ライセンスの取り消しを命じることができる。また、直接の責任者およびその他の直接責任を負う者に5千元以上5万元以下の罰金を科すものとする。

第63条　本法第27条の規定に違反して、ネットワークセキュリティを危険にさらす活動を行う、あるいはネットワークセキュリティを危険にさらす活動を行うためのプログラムやツールを特別に提供することや、他人がネットワークセキュリティを危険にさらす活動を行うための技術支援、広告宣

伝、支払決済支援を提供した場合で、まだ犯罪となっていない場合、公安機関は違法所得を没収し、5日以上の拘留を行い、5万元以上50万元以下の罰金を科すことができる。状況がより深刻な場合は、5日以上15日以下の拘留を行い、10万元以上100万元以下の罰金を科すことができる。

2. 事業者が前項の行為を行った場合、公安機関は、前項の規定に基づき、違法所得を没収し、10万元以上100万元以下の罰金を科し、直接の責任者およびその他の直接責任を負う者を処罰する。

3. 本法第27条の規定に違反し、公安管理処罰を受けた者は、5年間、ネットワークセキュリティ管理およびネットワーク運用の要職に就くことができず、刑事処罰を受けた者は、終身、ネットワークセキュリティ管理およびネットワーク運用の要職に就くことができない。

第64条 ネットワーク運営者またはネットワーク製品、あるいはネットワークサービスの提供者が、第22条第3項および本法第41条から第43条までの規定に違反し、法律に基づいて保護されるべき個人情報の権利を侵害した場合、関係主管部門は是正を命じ、状況に応じて、単発または同時の警告、違法所得の没収、違法所得の1倍以上10倍以下の罰金、違法所得がない場合は100万元以下の罰金を科すことができ、直接の責任者およびその他の直接責任を負う者に、1万元以上10万元以下の罰金を科す。状況が深刻な場合、関連業務の停止、操業停止、ウェブサイトの閉鎖、関連業務ライセンスの取り消し、事業ライセンスの取り消しを命じることができる。

2. 本法第44条の規定に違反し、個人情報を窃取その他の方法で不正に入手し、不正に販売し、不正に提供した場合で、まだ犯罪となっていない場合、公安機関は、違法所得を没収し、違法所得の1倍以上10倍以下の罰金を科し、違法所得がない場合は、100万元以下の罰金を科す。

第65条 重要情報インフラ運営者が本法第35条の規定に違反して、セキュリティ審査を受けていない、あるいはセキュリティ評価に合格していないネットワーク製品またはネットワークサービスを使用した場合、関係する管轄当局はその使用の中止を命じ、購入金額の1倍以上10倍以下の罰金を

科す。直接の責任者およびその他の直接責任を負う者には1万元以上10万元以下の罰金を科す。

第66条 重要情報インフラ運営者が本法第37条の規定に違反し、ネットワークデータを国外に保存した場合、あるいはネットワークデータを国外に提供した場合、関係主管部門は是正を命じ、警告を発し、違法所得を没収し、5万元以上50万元以下の罰金を科す。さらに、関連業務の停止、操業停止、ウェブサイトの閉鎖、関連業務ライセンスの取り消し、事業ライセンスの取り消しを命じることができる。また、直接の責任者および直接責任を負う者に1万元以上10万元以下の罰金を科すものとする。

第67条 本法第46条の規定に違反して、犯罪行為の実行のためのウェブサイトや通信グループの開設、あるいは犯罪行為の実行にかかわる情報を公開するためにインターネットを利用し、まだ犯罪となっていない場合、公安機関は、5日以下の勾留、1万元以上10万元以下の罰金を科すことができる。状況がより深刻な場合は、5日以上15日以下の勾留、5万元以上50万元以下の罰金を科すことができる。違法・犯罪行為に利用されたウェブサイトや通信グループを閉鎖する。

2. 事業者が前項の行為を行った場合、公安機関は10万元以上50万元以下の罰金を科すとともに、直接の責任者、およびその他の直接責任を負う者を前項に準じて処罰する。

第68条 ネットワーク運営者が本法第47条の規定に違反し、法律または行政法規で公表または送信が禁止されている情報の送信を停止せず、消去などの処分を行わず、関連記録を残さなかった場合、関係主管部門は是正を命じ、警告を発し、違法所得を没収する。是正を拒否した場合、または状況が深刻な場合は、10万元以上50万元以下の罰金を科し、関連業務の停止、操業停止、ウェブサイトの閉鎖、関連業務ライセンスの取り消し、事業ライセンスの取り消しを命じることができ、直接の責任者および直接責任を負う者に1万元以上10万元以下の罰金を科す。

2. 電子情報送信サービスの提供者、アプリケーション・ソフトウェア・ダウンロード・サービス提供者が、本法第48条第2項に規定するセキュリティ管理義務を履行しなかった場合、前項の規定に基づき罰則を科す。

第69条 ネットワーク運営者が本法の規定に違反し、以下の行為を行った場合、関係主管部門は是正命令を出す。是正を拒否した場合、または状況が深刻な場合は、5万元以上50万元以下の罰金に処し、直接の責任者および直接責任を負う者に1万元以上10万元以下の罰金に処するものとする。

　(1) 関係主管部門の要求に応じて、法律や行政法規で公開や送信が禁止されている情報の送信停止や排除などの処分を行わない。

　(2) 関係主管部門が法律に基づいて行う監督・検査を拒む、または妨害する。

　(3) 公安機関および国家安全保障機関に対する技術的支援および援助の提供を拒否する。

第70条 本法第12条第2項、および他の法律や行政法規で禁止されている情報を公表または送信した者は、関連する法律や行政法規の規定に基づいて処罰する。

第71条 この法律の規定に違法する行為があった場合、関連する法律および行政法規の規定に基づいて信用ファイルに記録し、公開する。

第72条 国家機関の政務ネットワーク運営者が、本法に定めるネットワークセキュリティ保護の義務を履行していない場合、その上位機関または関連機関から是正を命じられる。直接の責任者および直接責任を負う者は、法律に基づいて処罰する。

第73条 ネットワーク情報部門および関連部門が本法第30条の規定に違反し、ネットワークセキュリティ保護の職務を遂行する過程で得た情報を他の目的に使用した場合、直接の責任者およびその他の直接責任を負う者は、

法律に基づいて処罰される。

2.　ネットワーク情報部門および関連部門のスタッフが職務を怠り、権限を濫用し、または犯罪には該当しないが不公平な行為をした場合は、法律に基づいて処罰される

第74条　本法の規定に違反して他人に損害を与えた場合、その者は法律に基づいて民事責任を負う。

2.　本法の規定に違反し、公安行政の違反を犯した者は、法に基づき公安行政処分を受ける。犯罪を成した場合には、法に基づき刑事責任を負わせる。

第75条　国外の機関、組織または個人が、中国の重要情報インフラを攻撃、侵入、妨害、破壊するなど危険にさらす活動を行い、重大な結果をもたらした場合、法律に基づいて法的責任を追及する。国務院公安部門および関連部門は、当該機関、組織または個人に対して、財産の凍結またはその他の必要な制裁を決定することができる。

▎第7章　附則

第76条　本法における用語の意味は、以下の各号に定めるとおりである。

(1) ネットワークとは、コンピューターあるいはその他の情報端末および関連機器で構成されるシステムで、一定のルールやプログラムに従って情報を取得、保存、送信、交換、処理するものを意味する。

(2) ネットワークセキュリティとは、ネットワークを安定した信頼性の高い動作状態に保つために必要な措置を講じて、ネットワークへの攻撃、侵入、干渉、損害、不正使用、事故を防止し、ネットワークデータの完全性、機密性、可用性を保証する能力を意味する。

(3) ネットワーク運営者とは、ネットワークの所有者、管理者、ネットワークサービスを提供する者をいう。

(4) ネットワークデータとは、ネットワークを通じて取得、保存、送信、

処理、生成される、あらゆる種類の電子データを意味する。

(5) 個人情報とは、電子的またはその他の方法で記録された、単独または他の情報と組み合わせて自然人を個人的に識別できるあらゆる種類の情報で、自然人の氏名、生年月日、身分証明書番号、個人の生体識別情報、住所、電話番号などを含むが、これらに限らない。

第77条 国家機密情報の保存、処理にかかわるネットワークの運用セキュリティ保護については、本法の他、秘密保持に関する法律および行政規則の規定を遵守しなければならない。

第78条 軍事ネットワークのセキュリティ保護については、中央軍事委員会が別途定める。

第79条 本法は、2017年6月1日から施行する。

中国個人情報保護法

訳：寺川貴也

第1章　総則

第2章　個人情報処理に関するルール

　　第1節　一般的なルール

　　第2節　センシティブな個人情報処理に関するルール

　　第3節　国家機関による個人情報処理に関するルール

第3章　個人情報の国境を越えた提供に関するルール

第4章　個人情報処理活動における個人の権利

第5章　個人情報処理を行う者の義務

第6章　個人情報保護義務を果たす部門

第7章　法的責任

第8章　附則

中华人民共和国个人信息保护法
http://www.npc.gov.cn/npc/c30834/202108/a8c4e3672c74491a80b53a172bb753fe.shtml
（2021年8月20日　第13期全国人民代表大会常務委員会第30回で採択）

※翻訳は本書の理解の一助とするために用意したものです。法的な解釈を行う際には、法律の原文をもとに中国法の弁護士に相談してください。なお、ここでは読みやすさのために原文にはない段落番号を追記しています。

▌第1章　総則

第1条　本法は、個人情報の権利・利益を保護し、個人情報処理活動を規制し、個人情報の適正な利用を促進するため、憲法に基づいて制定する。

第2条　自然人の個人情報は法律によって保護されるものとし、いかなる組織または個人も自然人の個人情報の権利および利益を侵害してはならな

い。

第3条　本法は、中国国内で行われる自然人の個人情報処理に適用される。

2.　本法は、以下のいずれかの状況下で中国国内の自然人の個人情報を処理する、中国国外における処理活動にも適用される。

(1) 国内の自然人に対して商品またはサービスの提供を目的とする場合

(2) 国内の自然人の活動の分析と評価を行う場合

(3) 法律や行政法規で規定されるその他の状況

第4条　個人情報とは、電子的またはその他の方法で記録された、識別された、または識別可能な自然人に関するあらゆる種類の情報であり、匿名化処理後の情報を除く。

2.　個人情報の処理には、個人情報の収集、保管、使用、処理、送信、提供、開示、削除などを含む。

第5条　個人情報の処理は、適法性、正当性、必要性、誠実性の原則に従うものとし、誤解を招くような方法、不正な方法、強制的な方法などで個人情報を処理してはならない。

第6条　個人情報の処理は、明確かつ合理的な目的を持ち、処理目的に対して直接関係があるもので、個人の権利・利益に与える影響が最小となる方法としなければならない。

2.　個人情報の収集は、処理の目的を達成するために必要最小限の範囲に限定し、個人情報を過度に収集してはならない。

第7条　個人情報の処理は、公開性、透明性の原則に従うものとし、個人情報の処理に関するルールを公表し、処理の目的、方法、および範囲を明らかにしなければならない。

第8条　個人情報の処理は、個人情報の品質を保証し、不正確かつ不完全

な個人情報による個人の権利・利益への悪影響を回避するものとする。

第9条 個人情報処理を行う者は、その個人情報処理活動に責任を負い、処理する個人情報のセキュリティを保障するために必要な措置を講じなければならない。

第10条 組織または個人は、他者の個人情報を不正に収集、利用、加工または送信してはならず、他者の個人情報を不正に売買、提供、開示してはならない。また、国家の安全または公共の利益を危険にさらす個人情報処理活動を行ってはならない。

第11条 国は、個人情報保護のための健全な制度を確立し、個人情報の権利・利益を侵害する行為を予防、処罰し、個人情報保護に関する広報、教育を強化し、政府、企業、関連社会団体、国民が共同して個人情報保護に参画する良好な環境の形成を促進する。

第12条 国は、個人情報保護に関する国際的なルールの策定に積極的に参加し、個人情報保護に関する国際的な交流と協力を促進し、他の国々、他の地域および国際機関との間で個人情報保護に関するルールや基準の相互承認を推進する。

第2章　個人情報処理に関するルール

第1節　一般的なルール

第13条 個人情報処理を行う者は、以下のいずれかの状況に該当する場合に限り、個人情報を処理することができる。

(1) 本人の同意が得られている場合

(2) 本人が当事者となっている契約の締結、履行のため、または法律で定められた労働規則や法律に基づいて締結された労働協約に従った人事管理を行うために必要な場合

（3）法律上の義務または法的義務の履行のために必要な場合

（4）公衆衛生上の緊急事態に対処するため、または緊急時において自然人の生命、健康、財産を保護するために必要な場合

（5）公共の利益のためにニュース報道や世論調査などを行うことを目的とした、合理的な範囲内での個人情報の処理である場合

（6）本人が自ら公開している個人情報、またはその他のすでに合法的に公開されている個人情報を、本法のルールに従い、合理的な範囲内で処理する場合

（7）その他、法律や行政法規で定められた場合

2. 本法の他の関連規定に従い、個人情報の処理については、本人の同意を得なければならないが、前項第2号から第7号までに定める場合には、本人の同意を必要としない。

第14条 個人情報処理を本人の同意に基づいて行う場合、同意は十分な知識に基づき、本人が自発的かつ明示的に行わなければならない。個人情報の処理について、法律または行政法規が個人の単独同意または書面による同意を得ることを規定している場合は、その規定に従う。

2. 個人情報の処理目的、処理方法、処理する個人情報の種類に変更があった場合は、再度、本人の同意を取得しなければならない。

第15条 個人情報処理を本人の同意に基づいて行う場合、個人は同意を撤回する権利を有する。個人情報処理を行う者は、同意を撤回するための便利な方法を提供しなければならない。

2. 個人による同意の撤回は、撤回前に本人の同意に基づいてすでに実施された個人情報処理活動の有効性に影響を与えない。

第16条 個人情報処理を行う者は、商品またはサービスの提供に個人情報処理が必要な場合を除き、個人が自身の個人情報の処理に同意しない、または同意を撤回したことを理由に、商品またはサービスの提供を拒否してはならない。

第17条 個人情報処理を行う者は個人情報処理を行う前に、以下の事項について、目立つ方法で、わかりやすい言葉を用いて、真実、正確かつ完全な形で、個人に通知しなければならない。

(1) 個人情報処理を行う者の名称または氏名と連絡先
(2) 個人情報処理の目的、処理の方法、処理される個人情報の種類、保存期間
(3) 個人が本法で規定される権利を行使するための方法および手続き
(4) その他、法律や行政法規で定められた通知すべき事項

2. 前項に定める事項に変更があった場合には、その変更部分を個人に通知する。

3. 個人情報処理を行う者が、個人情報の処理に関するルールを定めて第1項に定める事項を通知する場合、当該処理ルールを公表し、かつ、容易にアクセス、保管できるようにしなければならない。

第18条 個人情報処理を行う者が個人情報を処理する場合で、法令または行政法規で守秘義務が定められている場合や通知を必要としない状況では、前条第1項に規定する事項を本人に通知しないことができる。

2. 緊急時で、自然人の生命、健康、財産の安全を守るために時間内に個人に通知することができない場合には、個人情報処理を行う者は、緊急事態が解消された後、すみやかに通知を行うものとする。

第19条 法律または行政法規に別段の定めがある場合を除き、個人情報の保存期間は、処理の目的を達成するために必要な最小限の期間としなければならない。

第20条 複数の個人情報処理を行う者が共同で個人情報処理の目的および処理方法を決定する場合には、それぞれの権利および義務について合意しなければならない。ただしこの合意は、個人がいずれかの個人情報処理を行う者に対して、本法に定める権利行使を請求する権利に影響を与えるものではない。

2. 個人情報処理を行う者が共同して個人情報処理を行い、個人情報の権利や利益を侵害して損害を与えた場合は、法令に基づき連帯して責任を負わなければならない。

第21条 個人情報処理を行う者は、個人情報処理を委託する場合、委託処理の目的、期間、処理方法、個人情報の種類、保護措置、双方の権利と義務について受託者と契約し、受託者の個人情報処理活動を監督しなければならない。

2. 受託者は、契約に基づいて個人情報を処理するものとし、合意された処理目的、処理方法などを超えて個人情報を処理してはならない。委託契約が効力を有さない場合、無効な場合、取り消された場合、または解除された場合には、受託者は、個人情報処理を行う者に個人情報を返却する、または削除しなければならず、保有し続けてはならない。

2. 受託者は、個人情報処理を行う者の同意を得ずに、個人情報処理を他の者に委託してはならない。

第22条 個人情報処理を行う者は、合併、分割、解散、破産宣告などにより個人情報を移転する必要がある場合には、受領者の名称または氏名および連絡先を個人に通知しなければならない。受領者は、個人情報処理を行う者としての義務を引き続き履行しなければならない。受領者が当初の処理目的または処理方法を変更する場合は、本法の規定に従い、再度本人の同意を得なければならない。

第23条 個人情報処理を行う者は、その処理する個人情報を他の個人情報処理を行う者に提供する場合には、受領者の名称または氏名、連絡方法、処理目的、処理方法および個人情報の種類を本人に通知し、かつ単独同意を取得しなければならない。受領者は、上記の処理目的、処理方法、個人情報の種類などの範囲内で個人情報を処理しなければならない。受領者が当初の処理目的または方法を変更する場合は、本法の規定に従い、再度本人の同意を取得しなければならない。

第24条 個人情報処理を行う者が自動化した意思決定を行うために個人情報を利用する場合、意思決定の透明性と結果の公正性、公平性を確保しなければならず、取引価格などの取引条件について不合理な差別的待遇を行ってはならない。

2. 自動化した意思決定方法によって個人に情報をプッシュ通知する場合や商業マーケティングを行う場合には、個人の特性を対象としない選択肢を同時に提供するか、または個人が簡単に拒否できる方法を提供しなければならない。

3. 自動化した意思決定を用いて個人の権利および利益に重大な影響を与える決定を行う場合、個人は個人情報処理を行う者に対して説明を求める権利を有し、個人情報処理を行う者が行った、自動化した意思決定の手段のみによってなされた意思決定を拒否する権利を有する。

第25条 個人情報処理を行う者は、本人の単独同意を得た場合を除き、処理した個人情報を開示してはならない。

第26条 公共の場における画像採集および個人識別機器の設置は、公共の安全を維持するために必要でなければならず、関連する国家の規制に準拠し、目立つ標識を提示しなければならない。収集された個人の画像および識別情報は、公共の安全を維持する目的でのみ使用することができ、本人の単独同意を得た場合を除き、他の目的では使用することはできない。

第27条 個人情報処理を行う者は、個人が明示的に拒否した場合を除き、合理的な範囲内で、個人が自発的に公表した個人情報、またはすでに適法に公開されているその他の個人情報を処理することができる。個人情報処理を行う者は、すでに公表されている個人情報であっても、個人の権利・利益に重大な影響を与える場合、本法の規定に従い、本人の同意を取得しなければならない。

第2節　センシティブな個人情報処理に関するルール

第28条 センシティブな個人情報とは、ひとたび漏洩したり不正利用されたりした場合に、容易に自然人の人間としての尊厳を侵害したり、人身や財産の安全を脅かしたりする可能性のある個人情報であり、生体識別情報、宗教的信条、特定のアイデンティティ、医療健康情報、金融口座情報、位置のトラッキング情報、および14歳未満の子どもの個人情報を含む。

2. 個人情報処理を行う者は、特定された目的と十分な必要性を具体的に有し、かつ厳格な保護措置がとられている場合に限り、センシティブな個人情報を処理してもよい。

第29条 センシティブな個人情報の処理については、個人の単独同意を得なければならない。法律または行政法規がセンシティブな個人情報の処理について書面による同意を取得するよう定めている場合は、その規定が適用される。

第30条 個人情報処理を行う者がセンシティブな個人情報を処理するとき、本法の規定により本人に通知することができない場合を除き、本法律第17条第1項に定める事項に加えて、センシティブな個人情報を処理する必要性および個人の権利・利益に及ぼす影響を個人に通知しなければならない。

第31条 個人情報処理を行う者は、14歳未満の子どもの個人情報を処理する場合には、当該の子どもの父母、あるいはその他の保護者の同意を取得しなければならない。

2. 個人情報処理を行う者は、14歳未満の子どもの個人情報を処理する場合、個人情報処理に関する特別なルールを策定しなければならない。

第32条 法令または行政法規において、センシティブな個人情報処理について関連する行政許可の取得、あるいはその他の制約が課されている場合、その定めに従わなければならない。

第3節　国家機関による個人情報処理に関するルール

第33条 本法は、個人情報処理を行う国家機関の活動に適用されるものとし、本節に特別の規定がある場合は、本節の規定を適用する。

第34条 国家機関がその法定業務を遂行するために行う個人情報処理は、法律および行政法規に定められた権限および手続きに従い、かつ、法定業務の遂行に必要な範囲および限度を超えてはならない。

第35条 国家機関がその法定業務を遂行するために行う個人情報処理は、本法の第18条第1項に規定する状況、あるいは通知することがその法定業務の遂行に支障を及ぼす場合を除き、本法の定めるところにより、その旨を通知する義務を負う。

第36条 国家機関が処理する個人情報は、中国国内に保存し、国外に提供する必要がある場合には、セキュリティ評価を行わなければならない。セキュリティ評価には、関連当局の支援と協力が必要な場合がある。

第37条 公共事務の管理する機能を法律、法規で授権された団体が、その法定業務を遂行するために個人情報処理を行う場合、本法の国家機関による個人情報処理に関する規定を適用する。

第3章　個人情報の国境を越えた提供に関するルール

第38条 個人情報処理を行う者が業務などの理由で中国国外に個人情報を提供する必要がある場合、次の各号のいずれかの条件を満たさなければならない。

(1) 本法第40条の規定に基づき、国家ネットワーク情報部門が実施するセキュリティ評価に合格すること

（2）国家ネットワーク情報部門の規定に基づいた専門機関による個人情報保護認証を有すること

（3）国家ネットワーク情報部門が定めた標準契約に基づき中国国外の受領者と契約を締結し、当事者間の権利、義務について合意すること

（4）法律、行政法規、国家ネットワーク情報部門が規定するその他の条件を満たすこと

2. 中国が締結している、または加盟している国際条約、国際協定において、中国国外への個人情報の提供に関する条件などを有する規定がある場合は、その規定に従って実施することができる。

3. 個人情報処理を行う者は、必要な措置を講じ、国外の受領者の個人情報処理活動が、本法で定められた個人情報保護の水準を満たすようにしなければならない。

第39条 個人情報処理を行う者が、中国国外に個人情報を提供する場合、国外の受領者の名称または氏名、連絡方法、処理目的、処理方法、個人情報の種類、国外の受領者に対して本法で規定される権利を行使する方法と手続きなどの事項を個人に通知し、併せて個人の単独同意を取得しなければならない。

第40条 重要情報インフラ運営者、および処理する個人情報が国家ネットワーク情報部門の規定する数量に達した個人情報処理を行う者は、中国国内で収集、生成した個人情報を国内に保存しなければならない。国外に提供する確かな必要性がある場合は、国家ネットワーク情報部門が実施するセキュリティ評価に合格しなければならない。法律、行政法規、国家ネットワーク情報部門がセキュリティ評価を実施しなくてよいと規定している場合は、その規定を適用する。

第41条 中国の主管当局は、関連する法律および中華人民共和国が締結している、または加盟している国際条約、国際協定に従い、あるいは平等と互恵の原則に基づいて、外国の司法機関や法執行機関からの国内に保存され

ている個人情報の提供の要請を処理する。個人情報処理を行う者は、中国国内に保管されている個人情報を、中国の主管当局の承認なしに、外国の司法機関または法執行機関に提供してはならない。

第42条 国外の組織または個人が、中国国民の個人情報に関する権利と利益を侵害し、あるいは中国の国家安全または公共の利益を危険にさらす個人情報処理活動を行った場合、国家ネットワーク情報部門は、それらの者を個人情報提供制限・禁止リストに含め、公表し、それらの者への個人情報提供を制限・禁止するなどの措置をとることができる。

第43条 いかなる国家または地域であっても、個人情報保護の側面において中国に対して差別的な禁止、制限またはその他の類似措置を講じる場合、中国は、実際の状況に応じて当該国家または地域に対して相応の措置を講じることができる。

第4章　個人情報処理活動における個人の権利

第44条 個人は、法律、行政法規に別段の定めがある場合を除き、自己の個人情報の処理について情報を得る権利、決定する権利および他者が自己の個人情報処理を行うことを制限または拒否する権利を有する。

第45条 個人は、本法第18条第1項、第35条に規定する場合を除き、個人情報処理を行う者に対し、自己の個人情報にアクセスし、複製する権利を有するものとする。
2. 個人が自己の個人情報にアクセスし、複製することを要求した場合、個人情報処理を行う者は適時に提供しなければならない。
3. 個人が、自己の指定する個人情報処理を行う者に対して個人情報を移転するよう要求する場合、個人情報処理を行う者は、国家ネットワーク情報部門が規定する条件を満たす場合、移転のための手段を提供しなければならない。

第46条 個人は、自己の個人情報が不正確または不完全であることを発見した場合、個人情報処理を行う者に対し、訂正または補足を求める権利を有する。

2. 個人情報処理を行う者は、個人から個人情報の訂正、補足の申し出があった場合、当該個人の個人情報を検証し、適時に訂正・補完を行わなければならない。

第47条 次の各号のいずれかに該当する場合、個人情報処理を行う者は率先して個人情報を削除しなければならない。個人情報処理を行う者が削除しない場合、個人は削除を請求する権利を有する。

　(1) 処理の目的が達成された場合、処理の目的を達成する方法がない場合、あるいは処理の目的を達成する必要性がなくなった場合

　(2) 個人情報処理を行う者が商品やサービスの提供を中止した場合、または保管期間が終了した場合

　(3) 個人が同意を撤回した場合

　(4) 個人情報処理を行う者が、法律や行政法規、あるいは個人情報処理に関する契約に違反した場合

　(5) その他、法律や行政法規で定められたその他の状況

2. 個人情報処理を行う者は、法律や行政法規で定められた保管期間が経過していない場合や、個人情報の削除が技術的に困難な場合には、保管と必要なセキュリティ保護措置以外の処理を中止しなければならない。

第48条 個人は、個人情報処理を行う者に対し、自己の個人情報処理に関するルールの説明を求める権利を有する。

第49条 自然人が死亡した場合、故人の近親者は故人が生前別段の取り決めを行っていた場合を除き、自己の合法的かつ正当な利益のために、本章に規定する故人に関する個人情報へのアクセス、複写、訂正および削除の権利を行使することができるものとする。

第50条 個人情報処理を行う者は、個人による権利行使の要請を受けて処理するための便利な仕組みを構築しなければならない。個人の権利行使の要求を拒否する場合は、その理由を説明しなければならない。

2. 個人情報処理を行う者が個人の権利行使の要求を拒否した場合、個人は法律に基づいて人民裁判所に訴訟を提起することができる。

第5章　個人情報処理を行う者の義務

第51条 個人情報処理を行う者は、個人情報処理の目的、処理方法、個人情報の種類、個人の権利・利益への影響、および存在し得るセキュリティリスクなどに応じ、個人情報処理活動が法律および行政法規の規定を遵守し、個人情報への不正アクセス、個人情報の漏えい、改ざんおよび紛失を防止するように、以下の措置を講じなければならない。

(1) 内部管理システムとオペレーション規定の制定

(2) 個人情報の分類管理の実施

(3) 暗号化、非識別化などの適切なセキュリティ上の技術措置の採用

(4) 個人情報処理のオペレーション権限を合理的に定め、定期的に業務従業者に対してセキュリティ教育およびセキュリティ訓練を実施すること

(5) 個人情報セキュリティインシデントに対する緊急時対応計画の策定と組織的な実施

(6) その他、法律や行政法規で定められる措置

第52条 処理する個人情報が国家ネットワーク情報部門の規定する数量に達した個人情報処理を行う者は、個人情報保護責任者を指名し、個人情報処理活動や講じた保護措置などの監督をする責任を負わせなければならない。

2. 個人情報処理を行う者は、個人情報保護責任者の連絡先を公表し、個人情報保護業務を行う部門に個人情報保護責任者の氏名および連絡先を報告しなければならない。

第53条 本法第3条第2項に規定する中国国外の個人情報処理を行う者は、中国国内に専門機関または代表者を指名し、個人情報保護に関する事務を処理させ、関連機関の名称および代表者氏名、連絡先を個人情報保護担当部門に報告しなければならない。

第54条 個人情報処理を行う者は、個人情報の処理が法令および行政法規に適合しているかについて、定期的にコンプライアンス監査を行わなければならない。

第55条 個人情報処理を行う者は、次の各号のいずれかが該当する場合には、事前に個人情報保護影響評価を行い、対応状況を記録しなければならない。
  (1) センシティブな個人情報を処理する場合
  (2) 自動化した意思決定のために個人情報を使用する場合
  (3) 個人情報処理を委託する場合、個人情報処理を行う他者に個人情報を提供する場合、個人情報を開示する場合
  (4) 国外に個人情報を提供する場合
  (5) その他、個人の権利・利益に重大な影響を与える個人情報処理活動を行う場合

第56条 個人情報保護影響評価には、次の事項を含めなければならない。
  (1) 個人情報の処理目的、処理方法などが適法、適正かつ必要なものであるかどうか
  (2) 個人の権利・利益に対する影響およびセキュリティリスク
  (3) 講じられた保護措置が合法的、有効、かつリスクの程度に応じて適切であるか
2. 個人情報保護影響評価報告書および処理状況の記録は、少なくとも3年間保管しなければならない。

第57条 個人情報処理を行う者は、個人情報の漏洩、改ざん、紛失が発生

した場合、または発生した可能性がある場合には、直ちに救済措置を講じ、個人情報保護に責任を負う部門および個人に通知しなければならない。通知には、以下の事項を含めなければならない。

(1) 漏洩、改ざん、紛失の発生、または発生した可能性がある情報の種類、原因および想定される危害

(2) 個人情報処理を行う者が講じた救済措置および危害を軽減するために本人が講じ得る措置

(3) 個人情報処理を行う者への連絡方法

2.　個人情報処理を行う者が講じた措置により、情報の漏洩、改ざん、紛失による危害を効果的に回避できる場合、個人情報処理を行う者は本人に通知しなくてもよい。危害の生じる可能性があると判断した場合、個人情報保護に責任を負う部門は個人情報処理を行う者に個人への通知を要求する権利がある。

第58条 重要なインターネット・プラットフォーム・サービスを提供し、ユーザー数が膨大であり、業態が複雑な個人情報処理を行う者は、以下の義務を履行しなければならない。

(1) 国家規制に従って、個人情報保護のためのコンプライアンスシステムを健全に構築し、個人情報保護の実施状況を監督するために外部メンバーを中心に構成される、独立した機関を設置する

(2) 公開性、公正性、公平性の原則に従い、プラットフォームのルールを策定し、プラットフォーム内で商品、サービスを提供する者が守るべき個人情報処理に関する規範、および課せられた個人情報保護の義務を明確にすること

(3) 個人情報処理に関する法令や行政法規に著しく違反するプラットフォーム内の商品、サービス提供者に対しては、サービスの提供を停止すること

(4) 個人情報保護に対する社会的責任について報告書を定期的に発行し、社会的監督を受け入れること

第59条 個人情報処理を委託された受託者は、本法律、関連法、行政法規の規定に基づき、処理する個人情報の安全性を確保するために必要な措置を講じるとともに、個人情報処理を行う者が本法に定める義務を履行することを支援しなければならない。

第6章　個人情報保護義務を果たす部門

第60条 国家ネットワーク情報部門は、個人情報保護業務と関連する監督管理業務を調整する責任を負う。国務院の関連部門は、本法、関連法、および行政法規に基づき、それぞれの責任範囲内で個人情報保護業務および監督管理業務に責任を負う。

2.　県レベル以上の地方人民政府の関連部門の個人情報保護と監督管理に関する責任は、関連する国家規定に基づいて決定される。

3.　前2項に定める部門を総称して、個人情報保護責任部門とする。

第61条 個人情報責任部門は、以下の個人情報保護業務を行う。
- (1) 個人情報保護に関する広報、教育を行い、個人情報処理を行う者の個人情報保護業務を指導・監督する
- (2) 個人情報保護に関する苦情、報告の受付
- (3) アプリケーションなどにおける個人情報保護状況に関する評価を行い、その結果を公表すること
- (4) 違法な個人情報処理活動の調査と対処
- (5) 法律、行政規則で定められたその他の業務

第62条 国家ネットワーク情報部門は関連部門と調整して、本法に基づき次のような個人情報保護業務を推進する。
- (1) 個人情報保護に関する具体的なルールや基準の策定
- (2) 個人情報処理を行う小規模事業者、センシティブな個人情報処理、顔認識や人工知能などの新しい技術やアプリケーションの使用に関して、個人情報保護のための特別なルールや基準を策定する

(3) 研究開発とアプリケーションのセキュリティ向上、便利な電子認証技術を支援し、ネットワークID認証のための公共サービスの構築を推進する

(4) 個人情報保護のための社会的なサービスシステムの構築を促進し、関連機関が個人情報保護評価および認証サービスを実施することを支援する

(5) 個人情報保護に関する苦情や報告のための作業メカニズムの改善

第63条 個人情報保護責任部門は、職責を履行するにあたり、次の措置を講じることができる。

(1) 当事者に質問し、個人情報処理活動に関する状況を調査すること

(2) 当事者、個人情報処理活動に関連する関係者の契約、記録、帳簿、その他の関連資料を閲覧およびコピーすること

(3) 現地検査の実施、違法性が疑われる個人情報処理活動に対する立入検査

(4) 個人情報処理活動に関連する設備や物品を検査する。違法な個人情報処理活動に使用された形跡のある設備や物品については、個人情報保護責任部門の部門長に書面で報告し、承認を得た上で、差し押さえ、押収をすることができる。

2.　個人情報保護責任部門が法律に従って職務を遂行する場合、当事者は支援、協力し、拒否または妨害してはならない。

第64条 個人情報保護責任部門は、その職務を遂行する中で、個人情報処理活動に大きなリスクが確認された場合、または個人情報セキュリティインシデントが発生した場合には、所定の権限と手続きに基づき、個人情報処理を行う者の法定代理人または責任者を聴取する、または個人情報処理を行う者に対し、専門機関に委託して個人情報処理活動のコンプライアンス監査を行うよう要請することができる。個人情報処理を行う者は、要件に応じて隠れたリスクを修正、除去するための措置を講じなければならない。

2. 個人情報保護責任部門は、その職責を遂行する過程で、個人情報の不正な処理が犯罪である疑いがあると認められる場合、すみやかに公安当局に移送し、法律に基づいて処理しなければならない。

第65条 すべての組織または個人は、違法な個人情報処理活動に対して、個人情報保護責任部門に苦情または報告する権利を有する。苦情や報告を受けた部門は、法律に基づいて適時に処理しなければならず、その結果について、苦情を申し立てた者や報告者に知らせなければならない。

2. 個人情報保護責任部門は、苦情や報告を受け付ける連絡方法を公表しなければならない。

第7章　法的責任

第66条 本法の規定に違反して個人情報処理が行われた場合、または本法に定める個人情報保護の義務を履行せずに個人情報処理が行われている場合、個人情報保護責任部門は、是正を命じ、警告を発し、違法所得を没収し、違法に個人情報処理を行っているアプリケーションのサービスに対して停止、終了命令を出す。是正を拒否した場合は100万元以下の罰金を科す。直接責任を負う責任者、およびその他の直接責任を負う者は、1万元以上10万元以下の罰金に処する。

2. 前項に定める違反行為が重大な違反である場合、省レベル以上の個人情報保護責任部門は、是正を命じ、違法所得を没収し、最大5,000万元以下または前年売上高の5%以下の罰金を科し、是正のために関連業務の停止または業務終了を命令することができる。また、関連する業務許可の取り消し、あるいは業務ライセンスの取り消しを管轄当局に通知することができる。直接責任を負う責任者、およびその他の直接責任を負う者には、10万元以上100万元以下の罰金を科し、一定期間、当該企業の取締役、監督者、上級管理職、個人情報保護責任者に就くことを禁止できる。

第67条 本法に規定される違法行為を犯した者は、関連する法律および行

政法規の規定に従って信用アーカイブに記録され、公表される。

第68条 国家機関がこの法律に定める個人情報保護の義務を履行しなかった場合、その上位機関または個人情報保護責任部門は、是正を命じる。直接責任を負う責任者、およびその他の直接責任を負う者は、法律に従って処罰される。
2. 個人情報保護責任部門の職員が、その職務を怠る、権力を濫用する、または個人的な利益を優先し、それが犯罪に該当しないときは、法律に基づいて処罰される。

第69条 個人情報処理が個人情報の権利・利益を侵害し、損害を与えた場合、個人情報処理を行う者がその過失がないことを証明できないときは、損害賠償などの不法行為責任を負う。
2. 前項に定める損害賠償責任は、結果として個人が被った損失または個人情報処理を行う者が得た利益に応じて決定する。結果として個人が被った損失および個人情報処理を行う者が得た利益を決定することが困難な場合は、実情に応じて賠償額を決定する。

第70条 個人情報処理を行う者が個人情報処理において本法の規定に違反し、多数の個人の権益を侵害した場合、人民検察院、法律に規定された消費者団体、国家ネットワーク情報部門が決定した団体は、法律に基づき人民裁判所に訴訟を提起することができる。

第71条 本法の規定への違反が公安行政の違反となる場合は、法律に基づいて公安行政に対する罰則が科される。犯罪となる場合は、法律に基づいて刑事責任が追及される。

第8章　附則

第72条 本法は、自然人がその個人的、あるいは家庭内の事柄に関連して

行う個人情報処理には適用されない。

2.　あらゆるレベルの人民政府およびその関連部門が組織し、実施する統計およびアーカイブ管理活動における個人情報処理に関する定めが法律にある場合は、その規定が適用される

第73条　本法における以下の用語の意味

(1) 個人情報処理を行う者（个人信息处理者）：個人情報を処理する活動において、処理の目的および方法を自律的に決定する組織または個人のこと

(2) 自動化した意思決定（自动化决策）：コンピュータープログラムによって個人の行動習慣、興味、経済、健康、信用状態などを自動的に分析、評価し、意思決定を行う活動のこと

(3) 非識別化（去标识化）：個人情報を処理して、追加情報の助けを借りなければ特定の自然人を識別できないようにするプロセスのこと

(4) 匿名化（匿名化）：個人情報を処理し、特定の自然人を識別できないようにし、かつ復元できないようにするプロセスのこと

第74条　本法は、2021年11月1日に施行する。

等級保護制度適用プロジェクト 実務資料

等級保護制度 (MLPS) 技術要件

「GB/T 28448-2019 信息安全技术 网络安全等级保护测评要求」では、等級に応じて、セキュリティ対策を講じる対象とその基準を定めています。ここでは、等級保護2級と3級に対して求められるセキュリティ対策をまとめます。

セキュリティ評価に関する一般的な要求事項

■セキュアな物理的環境

	要件	等級保護3級 評価モジュール	等級保護2級 評価モジュール
物理的位置の選択	サーバールームの設置場所として、耐震性、耐風性、耐雨性のある建物を選んでいるか	L3-PES1-01	L2-PES1-01
	サーバールームの設置場所は、ビルの最上階や地下室は避け、サーバールームに防水・防湿対策を施しているか	L3-PES1-02	L2-PES1-02
物理的なアクセスコントロール	サーバールームの出入り口に、入室者を管理、識別、記録する電子的なアクセスコントロールシステムが装備されているか	L3-PES1-03	L2-PES1-03
盗難防止と改ざん防止	機器または主要コンポーネントが、容易に取り外せないように固定され、明確に表示されているか	L3-PES1-04	L2-PES1-04
	通信ケーブルを、隠れた安全な場所に敷設しているか	L3-PES1-05	L2-PES1-05
	サーバールームに、盗難警報システムまたは有人ビデオ監視システムが設置されているか	L3-PES1-06	
雷保護	すべての種類のキャビネット、設備、機器などが、接地システムを通じて安全に接地されているか	L3-PES1-07	L2-PES1-06

	要件	等級保護3級 評価モジュール	等級保護2級 評価モジュール
雷保護	誘導雷に対して、避雷器や過電圧保護装置の設置などの対策を講じているか	L3-PES1-08	
火災予防	サーバールームに、火災を自動的に検知し、自動的に警報を発し、自動的に消火することができる自動防火システムを備えているか	L3-PES1-09	L2-PES1-07
	サーバールームおよび関連する作業室とサポートルームが、防火材料で構築されているか	L3-PES1-10	L2-PES1-08
	サーバールームがゾーン化され、ゾーンやエリア間の防火対策が管理されているか	L3-PES1-11	
耐水性および耐湿性	サーバールームの窓、屋根、壁からの雨水の浸入を防ぐための対策を講じているか	L3-PES1-12	L2-PES1-09
	サーバールーム内の水蒸気の凝縮や、地面からの水の移動・浸透を防ぐための対策を講じているか	L3-PES1-13	L2-PES1-10
	サーバールームの水密検知と警報を行うために、水に感応する検知機器またはコンポーネントを設置しているか	L3-PES1-14	
帯電防止	静電気防止用の床材または接地を使用し、必要な接地および静電気防止対策を施しているか	L3-PES1-15	L2-PES1-11
	静電気除去装置の使用、静電気防止ブレスレットの着用など、静電気の発生を防止するための措置を講じているか	L3-PES1-16	
温度と湿度の制御	サーバールームの温湿度が機器の動作によって許容される範囲内で変化するように、自動温湿度制御設備が設置されているか	L3-PES1-17	L2-PES1-12
パワーサプライ	サーバールーム内の電源ラインには電圧調整器と過電圧保護装置を設けているか	L3-PES1-18	L2-PES1-13
	停電時に機器の通常動作の要求を最低限満たすために、短期的なバックアップ電源を提供しているか	L3-PES1-19	L2-PES1-14
	コンピューターシステムに電力を供給するために、冗長または並列の電源ケーブルラインを設けているか	L3-PES1-20	
電磁波対策	相互干渉を避けるために電源ケーブルと通信ケーブルを分離して敷設しているか	L3-PES1-21	L2-PES1-15
	重要機器に電磁シールドを施しているか	L3-PES1-22	

■セキュアな通信ネットワーク

	要件	等級保護3級 評価モジュール	等級保護2級 評価モジュール
ネットワーク アーキテク チャ	ネットワーク機器のサービス処理能力が、ピーク時のサービス要求を満たすように確保されているか	L3-CNS1-01	
	ネットワークの各部分の帯域が、ピーク時のサービス要求を満たすことが保証されているか	L3-CNS1-02	
	異なるネットワークエリアを分割し、容易な管理・制御の原則に基づき、各ネットワークエリアにアドレスを割り当てているか	L3-CNS1-03	L2-CNS1-01
	重要なネットワーク領域を境界に配置することを避け、重要なネットワーク領域と他のネットワーク領域との間に信頼性の高い技術的分離を実施しているか	L3-CNS1-04	L2-CNS1-02
	システムの可用性を確保するために、通信回線、重要なネットワーク機器、重要な計算機のハードウェアの冗長性を確保しているか	L3-CNS1-05	
	通信中のデータの完全性を確保するために、チェックサムまたは暗号技術を使用しているか	L3-CNS1-06	L2-CNS1-03
	暗号技術を用いて、通信中のデータの機密性を確保しているか	L3-CNS1-07	
	通信機器のシステムブートローダー、システムプログラム、重要な設定パラメーター、通信アプリケーションを信頼できるルートに基づいて検証し、アプリケーションのキー実行時に動的信頼性検証を行い、信頼性が損なわれたことが検出された場合にアラームを発生させ、検証結果を監査記録としてセキュリティ管理センターに送信することができるか	L3-CNS1-08	L2-CNS1-04
セキュア エリアの境界	境界を越えたアクセスとデータの流れは、バウンダリーデバイスが提供する制御されたインターフェイスを介して通信されることが保証されているか	L3-ABS1-01	L2-ABS1-01
	許可されていない機器の内部ネットワークへの私的な接続を確認または制限することができるか	L3-ABS1-02	
	内部ユーザーの外部ネットワークへの不正な接続をチェックまたは制限できるか	L3-ABS1-03	
	無線ネットワークの使用が、制御された境界機器を介して内部ネットワークにアクセスするように制限されているか	L3-ABS1-04	

	要件	等級保護3級 評価モジュール	等級保護2級 評価モジュール
アクセス コントロール	アクセス制御ポリシーに基づき、ネットワークの境界または領域間にアクセス制御ルールを設定し、デフォルトでは制御対象のインターフェイスは許可されたトラフィック以外のすべてのトラフィックを拒否しているか	L3-ABS1-05	L2-ABS1-02
	冗長または無効なアクセス制御規則を削除し、アクセス制御リストを最適化し、アクセス制御規則の数を最小化しているか	L3-ABS1-06	L2-ABS1-03
	送信元アドレス、送信先アドレス、送信元ポート、送信先ポート、プロトコルをチェックし、パケットの出入りを許可／拒否しているか	L3-ABS1-07	L2-ABS1-04
	セッションの状態情報に基づいて、入出庫のデータフローへのアクセスを明示的に許可／拒否する機能を提供しているか	L3-ABS1-08	L2-ABS1-05
	ネットワークへのデータフローおよびネットワークからのデータフローに対して、アプリケーションプロトコルおよびアプリケーションコンテンツに基づくアクセス制御を実施しているか	L3-ABS1-09	
侵入防止機能	外部から開始されたネットワーク攻撃を、重要なネットワークノードで検知、防止または制限することができるか	L3-ABS1-10	L2-ABS1-06
	内部から開始されたネットワーク攻撃が、重要なネットワークノードにおいて検知、防止または制限されているか	L3-ABS1-11	
	ネットワークの挙動を分析し、ネットワーク攻撃、特に新しいタイプのネットワーク攻撃の分析を実現するための技術的手段を講じているか	L3-ABS1-12	
	攻撃が検知された場合、送信元IP、攻撃タイプ、攻撃対象、攻撃時間が記録され、重大な侵入があった場合には警報を出すことができるか	L3-ABS1-13	
悪意のある コードと スパムの防止	悪意のあるコードが重要なネットワークノードで検出・除去され、悪意のあるコード保護メカニズムのアップグレードと更新が維持されているか	L3-ABS1-14	L2-ABS1-07
	重要なネットワークノードにおいてスパムが検知され、保護されているか、スパム保護メカニズムのアップグレードと更新が維持されているか	L3-ABS1-15	

要件	等級保護3級 評価モジュール	等級保護2級 評価モジュール
ネットワーク境界および重要なネットワークノードにおいて、各ユーザーを対象としたセキュリティ監査を実施し、重要なユーザー行動および重要なセキュリティイベントを監査しているか	L3-ABS1-16	L2-ABS1-08
監査ログに、イベントの日時、ユーザー、イベントの種類、イベントが成功したかどうか、およびその他の監査関連情報が含まれているか	L3-ABS1-17	L2-ABS1-09
定期的なバックアップにより、監査記録を予期せぬ削除、変更、上書きなどから保護しているか	L3-ABS1-18	L2-ABS1-10
リモートアクセス時のユーザー行動とインターネットアクセス時のユーザー行動を別々に監査およびデータ分析することが可能か	L3-ABS1-19	
境界デバイスのシステムブートローダー、システムプログラム、重要な設定パラメーターおよび国境保護アプリケーションを信頼性のあるルートに基づいて検証し、アプリケーションの主要な実行において動的信頼性検証を行い、信頼性が損なわれたことが検出された場合にアラームを発生させ、検証結果を監査記録としてセキュリティ管理センターに送信することができるか	L3-ABS1-20	L2-ABS1-11

※左端に「セキュリティ監査」

■セキュアなコンピューティング環境

要件	等級保護3級 評価モジュール	等級保護2級 評価モジュール
ログインしたユーザーが識別され、認証されているか、識別が一意であるか、識別情報が複雑であり、定期的に変更されているか	L3-CES1-01	L2-CES1-01
ログイン失敗時の処理機能を持ち、セッションの終了、不正なログイン数の制限、ログイン接続がタイムアウトした際の自動ログアウトなど、関連する措置が設定・有効化されているか	L3-CES1-02	L2-CES1-02
遠隔管理を行う場合、ネットワーク伝送中に識別情報が傍受されないように必要な措置を講じているか	L3-CES1-03	L2-CES1-03
パスワード、暗号、バイオなどの認証技術を2つ以上組み合わせて利用者を認証し、少なくとも1つの認証技術を暗号技術を用いて実施しているか	L3-CES1-04	

※左端に「IDの識別」

	要件	等級保護3級 評価モジュール	等級保護2級 評価モジュール
アクセスコントロール	ログインユーザーにアカウントと権限を割り当てているか	L3-CES1-05	L2-CES1-04
	デフォルトアカウントの名称変更または削除、デフォルトアカウントのデフォルトパスワードの変更を行っているか	L3-CES1-06	L2-CES1-05
	共有アカウントの存在を回避するため、冗長なアカウントや期限切れのアカウントは適時に削除または無効化しているか	L3-CES1-07	L2-CES1-06
	管理者ユーザーに必要な最低限の権限を付与し、管理者ユーザーの権限の分離を実現しているか	L3-CES1-08	L2-CES1-07
	アクセスコントロールポリシーが、権限を有する主体によって設定されているか。アクセスコントロールポリシーが、対象物に対する主体のアクセスルールを規定しているか	L3-CES1-09	
	アクセス制御の粒度が、主体についてはユーザーまたはプロセスレベル、対象物についてはファイルまたはデータベースのテーブルレベルとなっているか	L3-CES1-10	
	重要なサブジェクトやオブジェクトにセキュリティマークを設定し、対象者によるセキュリティマーク付きの情報資源へのアクセスを制御しているか	L3-CES1-11	
セキュリティ監査	セキュリティ監査機能が有効か、監査の対象は各ユーザーであるか、重要なユーザー行動や重要なセキュリティイベントが監査されているか	L3-CES1-12	L2-CES1-08
	監査ログに、イベントの発生日時、ユーザー、イベントの種類、イベントが成功したかどうか、その他の監査関連情報が含まれているか	L3-CES1-13	L2-CES1-09
	監査記録を、定期的なバックアップにより、意図しない削除、変更、上書きから保護しているか	L3-CES1-14	L2-CES1-10
	監査プロセスが、不正な中断から保護されているか	L3-CES1-15	

	要件	等級保護3級 評価モジュール	等級保護2級 評価モジュール
侵入防止機能	最小限の設置の原則に基づき、必要なコンポーネントおよびアプリケーションのみを設置しているか	L3-CES1-17	L2-CES1-11
	必要のないシステムサービス、デフォルトの共有、リスクの高いポートが無効になっているか	L3-CES1-18	L2-CES1-12
	ネットワークで管理する管理端末を、端末のアクセス方法やネットワークアドレス範囲の設定により制限しているか	L3-CES1-19	L2-CES1-13
	マンマシンインターフェイスまたは通信インターフェイスを介して入力されたコンテンツが、システムが設定した要件を満たしているかどうかを確認するために、データの妥当性チェック機能を備えているか	L3-CES1-20	L2-CES1-14
	可能な限り既知の脆弱性を特定し、十分なテストと評価を行った後、適時にパッチを適用しているか	L3-CES1-21	L2-CES1-15
	重要なノードへの侵入を検知し、深刻な侵入があった場合には警告を発することができるか	L3-CES1-22	
悪意のあるコードの防止	悪意のあるコード攻撃やアクティブイミュニティによる信頼性の高い認証メカニズムから保護するための技術的手段を用いて、侵入やウイルスをタイムリーに特定し、効果的にブロックしているか	L3-CES1-23	
	悪意のあるコードへの対策ソフトウェアがインストールされているか。または、対応する機能が設定されているか、および悪意のあるコード対策ライブラリが定期的にアップグレードおよび更新されているか		L2-CES1-16
	コンピューティングデバイスのシステムブートローダー、システムプログラム、重要な設定パラメーター、アプリケーションプログラムを信頼性ルートに基づいて検証しているか、アプリケーションプログラムの重要な実行時に動的信頼性検証を行い、信頼性が損なわれたことが検出された場合にアラームを発生させ、検証結果を監査記録としてセキュリティ管理センターに送信することができるか	L3-CES1-24	L2-CES1-17

	要件	等級保護3級 評価モジュール	等級保護2級 評価モジュール
データの 整合性	認証データ、重要なビジネスデータ、重要な監査データ、重要な設定データ、重要なビデオデータ、重要な個人情報など、伝送中の重要なデータの完全性を確保するために、検証技術または暗号技術を使用しているか	L3-CES1-25	
	チェックサム技術を用いて、伝送中の重要データの完全性を確保しているか		L2-CES1-18
	認証データ、重要な業務データ、重要な監査データ、重要な設定データ、重要な映像データ、重要な個人情報など、保存中の重要なデータの完全性を確保するために、検証技術または暗号技術を用いているか	L3-CES1-26	
	暗号技術を用いて、送信中の重要なデータ（識別データ、重要なビジネスデータ、重要な個人情報など）の機密性を確保しているか	L3-CES1-27	
	識別データ、重要な業務データ、重要な個人情報など、保存プロセスにおける重要なデータの機密性を確保するために、暗号技術を使用しているか	L3-CES1-28	
データバック アップの復元	ローカルデータのバックアップと重要データのリカバリーが提供されているか	L3-CES1-29	L2-CES1-19
	オフサイトのリアルタイムバックアップ機能を設け、重要なデータを通信ネットワークを利用してリアルタイムにバックアップサイトにバックアップしているか	L3-CES1-30	L2-CES1-20
	重要なデータ処理システムの冗長性をホットスタンバイにより確保し、システムの高い可用性を確保しているか	L3-CES1-31	
残存する 情報の保護	識別情報が存在する記憶領域が、解放または再割り当てされる前に、完全にクリアされていることが保証されているか	L3-CES1-32	L2-CES1-21
	機密データを含むストレージスペースを、解放または再割り当てする前に完全に消去していることが保証されているか	L3-CES1-33	
個人情報の 保護	業務上必要なユーザーの個人情報のみを取得・保管しているか	L3-CES1-34	L2-CES1-22
	ユーザーの個人情報への不正アクセスや不正使用を禁止しているか	L3-CES1-35	L2-CES1-23

■セキュリティマネジメントセンター

	要件	等級保護3級 評価モジュール	等級保護2級 評価モジュール
システム管理	システム管理者が特定され、特定のコマンドまたはオペレーターインターフェイスを通じてのみシステム管理操作を行うことが許可されているか、またこれらの操作が監査されているか	L3-SMC1-01	L2-SMC1-01
	システムのリソースや操作が、システム管理者を通じて設定、制御、管理されているか。これには、ユーザーのアイデンティティ、リソースの設定、システムのローディングとスタートアップ、システム操作の例外処理、データや機器のバックアップとリカバリーなどが含まれる	L3-SMC1-02	L2-SMC1-02
監査運営	監査管理者を特定し、特定のコマンドまたはオペレーターインターフェイスを通じてのみセキュリティ監査操作を行うことを許可しているか、またこれらの操作を監査しているか	L3-SMC1-03	L2-SMC1-03
	監査記録が、監査管理者を通じて分析され、セキュリティ監査方針に基づく監査記録の保存、管理、照会など、分析結果に応じた処理がされているか	L3-SMC1-04	L2-SMC1-04
セキュリティ管理	セキュリティ管理者が特定されているか、特定のコマンドまたはオペレーターインターフェイスを通じてのみセキュリティ管理操作を行うことが許可されているか、これらの操作が監査されているか	L3-SMC1-05	
	セキュリティパラメーターの設定、対象者と対象物の統一的なセキュリティマーキング、対象者の認証、信頼できる認証ポリシーの設定などのシステムにおけるセキュリティポリシーがセキュリティ管理者によって設定されているか	L3-SMC1-06	
集中管理	ネットワーク上に配置されたセキュリティデバイスやセキュリティコンポーネントを制御するために、特定の管理領域が定義されているか	L3-SMC1-07	
	ネットワーク内のセキュリティ機器またはセキュリティコンポーネントの管理のための、安全な情報伝送路を確立することが可能となっているか	L3-SMC1-08	
	ネットワークリンク、セキュリティ機器、ネットワーク機器、サーバーなどの稼働状況を一元的に監視しているか	L3-SMC1-09	

	要件	等級保護3級 評価モジュール	等級保護2級 評価モジュール
集中管理	各機器に散在する監査データを収集し、集中的に集計・分析するとともに、監査記録の保存期間が法令上の要求を満たしているか	L3-SMC1-10	
	セキュリティポリシー、悪意のあるコード、パッチのアップグレード、その他のセキュリティ関連事項を一元的に管理しているか	L3-SMC1-11	
	ネットワーク上で発生するあらゆる種類のセキュリティイベントを識別し、警告し、分析することができるか	L3-SMC1-12	

■セキュリティマネジメントシステム

	要件	等級保護3級 評価モジュール	等級保護2級 評価モジュール
セキュリティポリシー	ネットワークセキュリティに関する一般的な方針およびセキュリティ戦略を策定しているか、またセキュリティ戦略に組織のセキュリティ業務の全体的な目的、範囲、原則およびセキュリティの枠組みを明記しているか	L3-PSS1-01	L2-PSS1-01
マネジメントシステム	セキュリティマネジメント活動におけるすべての種類の管理要素について、セキュリティマネジメントシステムを確立しているか	L3-PSS1-02	L2-PSS1-02
	管理者またはオペレーターが行う日常的な管理作業について、作業手順が確立されているか	L3-PSS1-03	L2-PSS1-03
	セキュリティポリシー、管理システム、運用手順、記録用紙などで構成される包括的なセキュリティ管理システムが形成されているか	L3-PSS1-04	
開発とリリース	特定の部門または担当者が、セキュリティマネジメントシステムの構築に対する責任を指定または委譲されているか	L3-PSS1-05	L2-PSS1-04
	セキュリティマネジメントシステムのバージョン管理を行い、システムを正式かつ効果的な方法で公開しているか	L3-PSS1-06	L2-PSS1-05
レビューと改訂	セキュリティマネジメントシステムの合理性と適用性を定期的に検証し、妥当性を確認するとともに、不備や改善が必要なセキュリティマネジメントシステムを修正しているか	L3-PSS1-07	L2-PSS1-06

■ 安全管理体制

	要件	等級保護3級評価モジュール	等級保護2級評価モジュール
ポスティング	ネットワークセキュリティの取り組みを指導するために、委員会またはリーダーシップグループを設置しているか。組織のトップリーダーは、ユニットの責任者または委任された者であるか	L3-ORS1-01	
	ネットワークセキュリティ管理のための機能的な部門を設置し、セキュリティスーパーバイザーおよびセキュリティ管理全般の責任者を設置し、各責任者の責任を明確にしているか		L2-ORS1-01
	ネットワークセキュリティ管理のための機能的な部署を設置し、セキュリティ管理者およびセキュリティ管理全般の責任者の役職を設け、各責任者の責任を明確にしているか	L3-ORS1-02	
	システム管理者、監査管理者、セキュリティ管理者の職位を設け、部門および各職位の責任を明確にしているか	L3-ORS1-03	L2-ORS1-02
スタッフの配置	システム管理者、監査管理者、セキュリティ管理者などを一定数用意しているか	L3-ORS1-04	L2-ORS1-03
	パートタイムではなく、フルタイムのセキュリティマネージャーを配置しているか	L3-ORS1-05	
オーソライズと承認	各部門・職位の責任に応じて、認可・承認、承認権限、承認者を定義しているか	L3-ORS1-06	L2-ORS1-04
	システム変更、重要業務、物理的アクセス、システムアクセスについて、承認手順を定め、承認手順に従って承認プロセスを実施するとともに、重要業務についてはカスケード式の承認システムを構築しているか	L3-ORS1-07	L2-ORS1-05
	承認を定期的にレビューし、承認事項、承認権限、承認者に関する情報を適時に更新しているか	L3-ORS1-08	
	さまざまなマネージャーや社内組織とネットワーク・セキュリティ・マネジメントとの間の協力関係やコミュニケーションを強化し、定期的に調整会議を開催してネットワークセキュリティに関する問題を共同で解決しているか	L3-ORS1-09	L2-ORS1-06

	要件	等級保護3級評価モジュール	等級保護2級評価モジュール
オーソライズと承認	サイバーセキュリティ機能、各種ベンダー、業界専門家、セキュリティ組織との連携・コミュニケーションを強化しているか	L3-ORS1-10	L2-ORS1-07
	外部有識者の連絡先リストを作成し、外部有識者の名称、協力内容、担当者、連絡先などの情報を記載しているか	L3-ORS1-11	L2-ORS1-08
監査と検査	システムの日常的な運用、システムの脆弱性、データのバックアップなどの定期的なセキュリティチェックが行われているか	L3-ORS1-12	L2-ORS1-09
	既存のセキュリティ技術対策の有効性、セキュリティ設定とセキュリティポリシーの整合性、セキュリティ管理システムの導入などの包括的なセキュリティチェックを定期的に実施しているか	L3-ORS1-13	
	セキュリティ検査、セキュリティ検査データのまとめ、セキュリティ検査報告書の作成を実施しているか、セキュリティ検査結果を伝えるために、セキュリティ検査フォームを作成しているか	L3-ORS1-14	

■セキュリティ管理者

	要件	等級保護3級評価モジュール	等級保護2級評価モジュール
人材の採用	特定の部門または担当者が、採用に関する責任を割り当てられる、あるいは委任されているか	L3-HRS1-01	L2-HRS1-01
	採用される人員の身元、セキュリティ上の背景、専門的な資格または資格を確認し、人員の技術的なスキルを評価しているか	L3-HRS1-02	L2-HRS1-02
	採用した人材と秘密保持契約を締結し、重要な人材とは職務責任契約を締結しているか	L3-HRS1-03	
離職	組織を離れる人員すべてのアクセス権を適時に終了させ、組織から提供されたすべての識別文書、鍵、バッジなど、およびハードウェアとソフトウェアを回収しているか	L3-HRS1-04	L2-HRS1-03
	退職前に厳格な譲渡手続きと譲渡後の機密保持への取り組みを要求しているか	L3-HRS1-05	

	要件	等級保護3級 評価モジュール	等級保護2級 評価モジュール
セキュリティ意識向上のための教育・訓練	セキュリティ意識の向上のための教育と職業技能訓練をすべての種類の従業員に提供し、関連する安全責任と懲戒措置を伝えているか	L3-HRS1-06	L2-HRS1-04
	基本的なセキュリティ知識、職務遂行手順などの研修を行うために、職種ごとに異なる研修計画を策定しているか	L3-HRS1-07	
	異なるポジションの人員のスキルを定期的に評価しているか	L3-HRS1-08	
外部要員のアクセス管理	外部の人員が管理区域に物理的にアクセスする際に、事前に書面による要請を行うことになっているか、承認された訪問の間、人員を同行させ、登録を行っているか	L3-HRS1-09	L2-HRS1-05
	外部の人員は、管理されたネットワーク上のシステムにアクセスする前に書面で申請書を提出しているか、アクセス承認後にアカウントを開設し、権限を割り当て、登録しているか	L3-HRS1-10	L2-HRS1-06
	外部の人員のすべてのアクセス権が、彼らがサイトを離れた後、適時に消去されているか	L3-HRS1-11	L2-HRS1-07
	システムへのアクセスを許可された外部要員と、許可されていない操作の実行、機密情報のコピーまたは開示を禁止する機密保持契約を締結しているか	L3-HRS1-12	

■セキュリティ・コンストラクション・マネジメント

	要件	等級保護3級 評価モジュール	等級保護2級 評価モジュール
分類とファイリング	保護対象物のセキュリティ保護等級と、その等級を決定する方法および根拠を書面に記載しているか	L3-CMS1-01	L2-CMS1-01
	関連部門および関連するセキュリティ技術専門家を組織し、分類結果の合理性と正しさを検証し、有効性を確認しているか	L3-CMS1-02	L2-CMS1-02
	分類結果が、関連当局の承認を得ているか	L3-CMS1-03	L2-CMS1-03
	記録を主務官庁および公安当局に提出しているか	L3-CMS1-04	L2-CMS1-04

	要件	等級保護3級 評価モジュール	等級保護2級 評価モジュール
セキュリティ プログラムの 設計	基本的なセキュリティ対策がセキュリティ保護等級に応じて選択されているか、セキュリティ対策はリスク分析の結果に応じて補完・調整されているか	L3-CMS1-05	L2-CMS1-05
	全体的なセキュリティ計画とセキュリティスキームの設計が、保護対象のセキュリティ保護等級と他の等級の保護対象との関係に応じて行われているか、設計内容に暗号技術関連の内容とそれを支える文書が含まれているか	L3-CMS1-06	
	セキュリティ計画が、保護対象物のセキュリティ保護等級に応じて設計されているか		L2-CMS1-06
	セキュリティ計画が正式に実施される前に、セキュリティマスタープランおよびその付属文書の合理性と正確性が、関連部門および関連のセキュリティ専門家によって検証され、承認されているか	L3-CMS1-07	L2-CMS1-07
製品の調達と 使用	サイバーセキュリティ製品の調達および使用が、関連する国内規制に準拠していることが保証されているか	L3-CMS1-08	L2-CMS1-08
	暗号製品およびサービスの調達および使用が、国の暗号当局の要求に準拠しているか	L3-CMS1-09	
	製品の選択テストを事前に実施して製品候補の範囲を決定しているか、候補リストを定期的に見直して更新しているか	L3-CMS1-10	
自社開発 ソフトウェア	開発環境と実際の運用環境を物理的に分離し、テストデータおよびテスト結果を管理しているか	L3-CMS1-11	L2-CMS1-10
	開発プロセスの管理方法や要員の行動規範を明確にしたソフトウェア開発管理システムが確立されているか	L3-CMS1-12	
	コード記述のセキュリティ仕様を確立し、開発者に仕様を参考にしてコードを記述することを要求しているか	L3-CMS1-13	
	ソフトウェア設計に関する文書や使用ガイドラインが用意されており、その使用が管理されているか	L3-CMS1-14	

	要件	等級保護3級 評価モジュール	等級保護2級 評価モジュール
自社開発 ソフトウェア	ソフトウェアの開発プロセスにおいてセキュリティがテストされ、ソフトウェアがインストールされる前に悪意のあるコードの可能性が検出されていることが保証されているか	L3-CMS1-15	L2-CMS1-11
	プログラムリポジトリの修正、更新、リリースの認可・承認を行い、バージョン管理を徹底しているか	L3-CMS1-16	
	開発者が専任のスタッフであり、開発活動が管理、監視、レビューされていることを保証しているか	L3-CMS1-17	
ソフトウェア 開発の 外部委託	配信前に、悪意のあるコードが存在する可能性があるかどうか、ソフトウェアをテストしているか	L3-CMS1-18	L2-CMS1-12
	開発ユニットが、ソフトウェアの設計書およびユーザーガイドを利用可能であることを確認する	L3-CMS1-19	L2-CMS1-13
	開発者が、ソフトウェアのソースコードを入手可能であることを保証しているか、バックドアや秘密のチャンネルの可能性がないかソフトウェアをレビューしているか	L3-CMS1-20	
プロジェクトの 実施	特定の部門または担当者が、プロジェクト実施プロセスの管理責任を指定または委譲されているか	L3-CMS1-21	L2-CMS1-14
	プロジェクトを実施するプロセスを管理するために、セキュリティエンジニアリングの実装計画を策定しているか	L3-CMS1-22	L2-CMS1-15
	プロジェクトの実施プロセスは、第三者のエンジニアリングスーパーバイズによって管理されているか	L3-CMS1-23	
テストと 受け入れ	テストアクセプタンスプログラムを作成し、テストアクセプタンスプログラムに従ってテストを実施し、テストアクセプタンスレポートを作成しているか	L3-CMS1-24	L2-CMS1-16
	オンライン前にセキュリティテストを実施し、セキュリティテストレポートを発行しているか。セキュリティテストレポートの内容には、パスワードアプリケーションセキュリティテストの関連内容を含む必要がある	L3-CMS1-25	

	要件	等級保護3級 評価モジュール	等級保護2級 評価モジュール
テストと 受け入れ	オンライン前のセキュリティテストを実施し、セキュリティテストレポートを発行しているか		L2-CMS1-17
システムの デリバリー	納品リストを作成し、納品された機器、ソフトウェア、ドキュメントを納品リストにカウントしているか	L3-CMS1-26	L2-CMS1-18
	運用・保守を担当する技術スタッフが、適切なスキルトレーニングを受けているか	L3-CMS1-27	L2-CMS1-19
	構築プロセス文書および運用・保守文書が提供されているか	L3-CMS1-28	L2-CMS1-20
等級評価	等級評価を定期的に実施し、対応する等級保護基準の要求事項を満たさないものは適時是正しているか	L3-CMS1-29	L2-CMS1-21
	著しい変化や等級の変化があった場合にアセスメントを実施しているか	L3-CMS1-30	L2-CMS1-22
	評価機関の選定が、関連する国の規制に準拠しているか	L3-CMS1-31	L2-CMS1-23
サービス プロバイダーの 管理	サービスプロバイダーの選定が、関連する国の規制に準拠しているか	L3-CMS1-32	L2-CMS1-24
	選択したサービスプロバイダーとの間で、サービスのサプライチェーン全体における全関係者のサイバーセキュリティ関連の義務を定義する契約を締結しているか	L3-CMS1-33	L2-CMS1-25
	サービス提供者が提供するサービスを定期的に監視、検討、監査し、サービスの変更を管理しているか	L3-CMS1-34	

■セキュリティ O&M 管理

	要件	等級保護3級 評価モジュール	等級保護2級 評価モジュール
環境 マネジメント	サーバールームのセキュリティ責任者、サーバールームへの入退室管理、電源・配電・空調・温湿度管理・防火などの設備の定期的な維持・管理を行う専門部署または担当者を指定しているか	L3-MMS1-01	L2-MMS1-01
	サーバールームのセキュリティ管理システムを構築し、物理的なアクセス、物品へのアクセス、環境セキュリティの管理を実施しているか	L3-MMS1-02	L2-MMS1-02
	重要なエリアへの来訪者の受け入れや、機密情報を含む紙文書やモバイルメディアの放置を行っていないか	L3-MMS1-03	L2-MMS1-03
資産管理	保護対象に関連する資産のリスト（資産の責任部署、重要性、所在地を含む）を作成し、維持しているか	L3-MMS1-04	L2-MMS1-04
	資産がその重要性に応じて識別・管理されているか、管理手段はその価値に応じて選択されているか	L3-MMS1-05	
	情報の分類・識別方法を規定し、情報の利用・伝達・保管を標準化して管理しているか	L3-MMS1-06	
メディア管理	メディアが安全な環境に保管され、管理・保護されているか、専用の担当者によって記憶媒体が管理され、アーカイブメディアのインベントリリストに基づいて定期的に棚卸しが行われているか	L3-MMS1-07	L2-MMS1-05
	物理的輸送時の人員選定、メディアの梱包・配送を管理し、メディアのアーカイブ化と検索を登録・記録しているか	L3-MMS1-08	L2-MMS1-06
機器の メンテナンス 管理	専門の部署や担当者を置き、各種機器(バックアップや冗長化された機器を含む) や回線などを定期的に保守・管理しているか	L3-MMS1-09	L2-MMS1-07
	設備、ソフトウェア、ハードウェアの保守のための管理システムが確立されているか、保守担当者の責任の明確化、保守・サービスの承認、保守プロセスの監視・管理など、それらの保守が効果的に管理されているか	L3-MMS1-10	L2-MMS1-08
	情報処理機器を、サーバールームやオフィスから持ち出す前に承認を必要としているか、また、記憶媒体を含む機器が作業環境から持ち出される際に重要なデータが暗号化されているか	L3-MMS1-11	

	要件	等級保護3級 評価モジュール	等級保護2級 評価モジュール
機器の メンテナンス 管理	記憶媒体を含む機器を廃棄または再利用する前に、完全に消去するか、または安全に上書きして、機器上の機密データやライセンスされたソフトウェアを復元して再利用できないようにしているか	L3-MMS1-12	
脆弱性と リスク管理	セキュリティ上の脆弱性や危険性を特定するために必要な措置を講じ、発見されたものは適時に、または潜在的な影響を評価した上で是正しているか	L3-MMS1-13	L2-MMS1-09
	定期的にセキュリティ測定を実施し、セキュリティ評価報告書を作成し、発見されたセキュリティ問題に対処するための措置を講じているか	L3-MMS1-14	
ネットワーク およびシステム のセキュリティ 管理	ネットワークやシステムの運用・保守管理に異なる管理者の役割を割り当て、各役割の責任と権限を明確に定義しているか	L3-MMS1-15	L2-MMS1-10
	アカウントを管理するための専門部署または担当者を定め、アカウントの申請、作成、削除などを管理しているか	L3-MMS1-16	L2-MMS1-11
	ネットワークおよびシステムのセキュリティ管理システムが確立されているか、セキュリティポリシー、アカウント管理、設定管理、ログ管理、日常の運用、アップグレードとパッチ、パスワードの更新サイクルなどの規定があるか	L3-MMS1-17	L2-MMS1-12
	重要機器の設定・操作マニュアルを整備し、重要機器の設定・操作がマニュアルに沿って安全に設定・最適化されているか	L3-MMS1-18	L2-MMS1-13
	日常点検作業、運転・保守記録、パラメーターの設定・変更などの運転・保守操作ログが詳細に記録されているか	L3-MMS1-19	L2-MMS1-14
	不審な行動をタイムリーに検知するために、ログ、監視・警報データなどを分析・集計する専門部署または担当者を配置しているか	L3-MMS1-20	
	変更操作とメンテナンスが厳密に管理されているか、承認後にのみ接続の変更、システムコンポーネントのインストール、構成パラメーターの調整を行うものとしているか、操作中は不変的な変更の監査ログを記録し、操作後は構成情報ベースを同期して更新しているか	L3-MMS1-21	

	要件	等級保護3級 評価モジュール	等級保護2級 評価モジュール
ネットワーク およびシステム のセキュリティ 管理	操作・保守ツールの使用を厳密に管理し、操作前にアクセスを承認し、操作中は変更不可能な監査ログを保存し、操作後にツール内の機密データを削除しているか	L3-MMS1-22	
	遠隔操作と保守の開始が厳密に管理されているか、遠隔操作と保守のインターフェイスまたはチャネルを承認後にのみ開くものとし、操作中は変更不可能な監査ログを保持し、操作後は直ちにインターフェイスまたはチャネルを閉じるものとしているか	L3-MMS1-23	
	外部との接続がすべて許可・承認されているか、無線アクセスなどネットワークセキュリティポリシーに違反する行為を定期的にチェックしているか	L3-MMS1-24	
悪意のある コードの 防止管理	すべてのユーザーに悪意のあるコードの防止について認識させ、外部のコンピューターや記憶装置からシステムにアクセスする前に悪意のあるコードのチェックを行っているか	L3-MMS1-25	L2-MMS1-15
	悪意のあるコード攻撃を防止するための技術的手段の有効性を定期的に検証しているか	L3-MMS1-26	
	悪意のあるコードの防止に関する要件を規定しているか。これには、悪意のあるコード対策ソフトウェアの使用許可、悪意のあるコードライブラリのアップグレード、悪意のあるコードの定期的な検出などが含まれる		L2-MMS1-16
	悪意のあるコードベースの更新を定期的にチェックし、インターセプトした悪意のあるコードをタイムリーに分析・処理しているか		L2-MMS1-17
構成管理	ネットワークトポロジー、各機器にインストールされているソフトウェアコンポーネント、ソフトウェアコンポーネントのバージョンおよびパッチ情報、各機器またはソフトウェアコンポーネントの構成パラメーターなどの基本的な構成情報を記録・保存しているか	L3-MMS1-27	L2-MMS1-18
	基本構成情報の変更を変更範囲に含め、構成情報の変更管理を実施し、基本構成情報ベースを適時に更新すること	L3-MMS1-28	

	要件	等級保護3級 評価モジュール	等級保護2級 評価モジュール
パスワード管理	パスワードに関連する国や業界の基準に準拠しているか	L3-MMS1-29	L2-MMS1-19
	国家暗号局が認定・承認した暗号技術および製品を使用しているか	L3-MMS1-30	L2-MMS1-20
変更管理	変更要求事項が定義され、変更前の変更要求事項に従って変更計画が策定され、変更の実施前に変更計画がレビューされ承認されているか	L3-MMS1-31	L2-MMS1-21
	変更報告および承認管理手順を確立し、すべての変更を手順に従って管理し、変更実施プロセスを文書化しているか	L3-MMS1-32	
	変更の中止および失敗した変更からの回復のための手順を確立し、工程管理方法および担当者の責任を定義し、必要に応じて回復プロセスのリハーサルを行っているか	L3-MMS1-33	
バックアップとリカバリーの管理	定期的なバックアップが必要な重要な業務情報、システムデータ、ソフトウェアシステムを特定しているか	L3-MMS1-34	L2-MMS1-22
	バックアップ情報のバックアップ方法、バックアップ頻度、保存媒体、保存期間などを規定しているか	L3-MMS1-35	L2-MMS1-23
	データの重要性やシステム運用への影響に応じて、データのバックアップリカバリーポリシー、バックアップリカバリー手順などを策定しているか	L3-MMS1-36	L2-MMS1-24
セキュリティインシデントの処理	発見されたセキュリティ上の弱点や疑わしい事象が、適時にセキュリティ管理者に報告されているか	L3-MMS1-37	L2-MMS1-25
	セキュリティインシデントの報告および廃棄管理システムを構築することで、さまざまなセキュリティインシデントの報告、廃棄および対応プロセスの規定、セキュリティインシデントの現場での処理、インシデント報告および復旧後の管理責任の規定などを実施しているか	L3-MMS1-38	L2-MMS1-26

	要件	等級保護3級 評価モジュール	等級保護2級 評価モジュール
セキュリティ インシデントの 処理	セキュリティインシデントの報告および対応プロセスにおいて、インシデントの原因を分析・特定し、証拠を収集し、プロセスを文書化し、教訓を得ているか	L3-MMS1-39	L2-MMS1-27
	システム停止の原因となる重大なセキュリティインシデントと、情報漏洩の原因となるインシデントの処理および報告に、異なる手順を用いているか	L3-MMS1-40	
緊急事態対応 マネジメント	計画の発動条件、緊急組織の構成、緊急資源、事後の教育・訓練など、統一的な緊急計画の枠組みが規定されているか	L3-MMS1-41	L2-MMS1-28
	重要な事象に対する緊急対応計画を策定しているか（これには緊急時の対応手順やシステムの復旧手順も含まれる）	L3-MMS1-42	
	システム担当者は緊急時の計画について定期的に訓練を受けているか、また緊急時計画のリハーサルを行っているか	L3-MMS1-43	L2-MMS1-29
	当初の緊急計画を定期的に再評価し、改訂しているか	L3-MMS1-44	
運用・保守管 理の外部委託	外部委託するO&Mサービスプロバイダーの選定が、関連する国内規制に準拠しているか	L3-MMS1-45	L2-MMS1-30
	選定されたO&M業務委託先との間で、O&M業務委託の範囲および作業内容について明確に合意し、関連契約を締結しているか	L3-MMS1-46	L2-MMS1-31
	委託された運用・保守サービス事業者は、技術面と管理面の両方において、等級保護の要求事項に沿ったセキュリティ運用・保守業務を遂行する能力を有していることを保証しており、その能力要件が署名された契約書に明記されているか	L3-MMS1-47	
	機密情報へのアクセス、処理、保管に関する要件、ITインフラの停止時の緊急対応に関する要件などの関連するすべてのセキュリティ要件が、運用・保守を委託しているサービスプロバイダーとの契約に明記されているか	L3-MMS1-48	

クラウドコンピューティングのためのセキュリティ評価拡張要件

■セキュアな物理的環境

	要件	等級保護3級評価モジュール	等級保護2級評価モジュール
インフラの位置	クラウドコンピューティングのインフラが中国国内にあるか	L3-PES2-01	L2-PES2-01

■セキュアな通信ネットワーク

	要件	等級保護3級評価モジュール	等級保護2級評価モジュール
ネットワークアーキテクチャ	クラウドコンピューティングプラットフォームが、より高いセキュリティ保護等級のビジネスアプリケーションシステムをホストしていないか	L3-CNS2-01	L2-CNS2-01
	異なるクラウドサービスの顧客の仮想ネットワーク間の分離を実現しているか	L3-CNS2-02	L2-CNS2-02
	クラウドサービスの顧客のビジネス要件に応じて、通信の伝送、境界保護、侵入防止などのセキュリティメカニズムを提供する機能を有しているか	L3-CNS2-03	L2-CNS2-03
	クラウドサービスを利用する顧客のビジネス要件に応じて、アクセス経路の定義、セキュリティコンポーネントの選択、セキュリティポリシーの設定などのセキュリティポリシーを独自に設定する機能を有しているか	L3-CNS2-04	
	クラウドサービス加入者がクラウドコンピューティングプラットフォームにおいて第三者のセキュリティ製品にアクセスしたり、第三者のセキュリティサービスを選択したりできるように、オープンインターフェイスまたはオープンセキュリティサービスを提供しているか	L3-CNS2-05	

■セキュリティゾーンの境界

	要件	等級保護3級 評価モジュール	等級保護2級 評価モジュール
アクセス コントロール	仮想化ネットワークの境界にアクセス制御機構を導入し、アクセス制御ルールを設定しているか	L3-ABS2-01	L2-ABS2-01
	異なる等級のネットワーク領域の境界にアクセス制御機構を配備し、アクセス制御ルールを設定しているか	L3-ABS2-02	L2-ABS2-02
侵入防止機能	クラウドサービス加入者が開始したネットワーク攻撃を検知し、攻撃タイプ、攻撃時間、攻撃トラフィックなどを記録できるか	L3-ABS2-03	L2-ABS2-03
	仮想ネットワークノードに対するネットワーク攻撃を検知し、攻撃の種類、攻撃時間、攻撃トラフィックなどを記録することができるか	L3-ABS2-04	L2-ABS2-04
	仮想マシンとホスト間、および仮想マシンと仮想マシン間の異常なトラフィックを検出することができるか	L3-ABS2-05	L2-ABS2-05
	ネットワーク攻撃や異常なトラフィックを検知した場合、警告を発することができるか	L3-ABS2-06	
セキュリティ 監査	クラウドサービス提供者とクラウドサービス加入者がリモート管理中に実行する特権コマンドが、少なくとも仮想マシンの削除と仮想マシンの再起動を含めて監査されているか	L3-ABS2-07	L2-ABS2-06
	クラウドサービス加入者のシステムおよびデータに対するクラウドサービス提供者の操作が、クラウドサービス加入者によって監査可能であることを保証しているか	L3-ABS2-08	L2-ABS2-07

■セキュアなコンピューティング環境

	要件	等級保護3級 評価モジュール	等級保護2級 評価モジュール
IDの識別	クラウドコンピューティングプラットフォーム内の機器をリモート管理する際に、管理端末とクラウドコンピューティングプラットフォームの間で双方向の認証メカニズムを確立されているか	L3-CES2-01	
アクセスコントロール	仮想マシンが移行される際に、アクセス制御ポリシーも一緒に移行されることを保証しているか	L3-CES2-02	L2-CES2-01
	クラウドサービス加入者が、異なる仮想マシン間のアクセス制御ポリシーを設定することができるか	L3-CES2-03	L2-CES2-02
	仮想マシン間のリソース分離の失敗を検出し、警告を発することができるか	L3-CES2-04	
	不正な新規仮想マシンを検出したり、仮想マシンを再有効化して警告を出すことができるか	L3-CES2-05	
	悪意のあるコードの感染や仮想マシン間での拡散を検知し、警告を発することができるか	L3-CES2-06	
ミラーリングとスナップショットの保護	重要な業務システムに、硬化したOSイメージまたはOSセキュリティの硬化サービスが提供されているか	L3-CES2-07	L2-CES2-03
	仮想マシンイメージおよびスナップショットの整合性検証機能を備え、仮想マシンイメージの悪意ある改ざんを防止しているか	L3-CES2-08	L2-CES2-04
	仮想マシンイメージ、スナップショット内の潜在的に機密性の高いリソースへの不正なアクセスを防止するために、暗号またはその他の技術的手段を使用しているか	L3-CES2-09	
データの整合性と機密性	クラウドサービスの顧客データおよびユーザーの個人情報が中国国内に保管されていることを確認し、国外に越境する必要がある場合は、関連する国内規制に準拠しているか	L3-CES2-10	L2-CES2-05
	クラウドサービス提供者または第三者が、クラウドサービス加入者の承認のもとでのみ、クラウドサービス加入者のデータを管理する権限を有するものとなっているか	L3-CES2-11	L2-CES2-06

	要件	等級保護3級 評価モジュール	等級保護2級 評価モジュール
データの 整合性と 機密性	仮想マシンの移行時における重要データの整合性を、チェックサムまたは暗号技術を使用して確保し、整合性の侵害が検出された場合に必要な回復措置を講じているか	L3-CES2-12	L2-CES2-07
	クラウドサービス加入者がデータの暗号化および復号化処理を自ら実施するために、鍵管理ソリューションの導入をサポートしているか	L3-CES2-13	
データ バックアップ リカバリー	クラウドサービス契約者が、業務データのローカルバックアップを維持できるか	L3-CES2-14	L2-CES2-08
	クラウドサービスの顧客データおよびバックアップストレージの場所を照会する機能を提供しているか	L3-CES2-15	L2-CES2-09
	クラウドサービス提供者のクラウドストレージサービスに、クラウドサービス加入者のデータの利用可能なコピーが複数存在し、各コピーの内容が一貫していることを保証しているか	L3-CES2-16	
	クラウドサービス顧客が、業務システムやデータを他のクラウドコンピューティングプラットフォームやローカルシステムに移行するための技術的手段を提供し、移行プロセスを支援しているか	L3-CES2-17	
残存する 情報の保護	仮想マシンが使用していたメモリーとストレージスペースが、再生時に完全にクリアされることを保証しているか	L3-CES2-18	L2-CES2-10
	クラウドサービス加入者がビジネスアプリケーションデータを削除する場合、クラウドコンピューティングプラットフォームは、クラウドストレージからすべてのコピーを削除しているか	L3-CES2-19	L2-CES2-11

■セキュリティマネジメントセンター

	要件	等級保護3級 評価モジュール	等級保護2級 評価モジュール
コントロールの 一元化	物理的なリソースと仮想的なリソースが、管理のためのスケジューリングと割り当てのポリシーに基づいて統一されているか	L3-SMC2-01	
	クラウドコンピューティングプラットフォーム管理トラフィックとクラウドサービス顧客ビジネストラフィックの分離が確保されているか	L3-SMC2-02	
	クラウドサービス提供者とクラウドサービス加入者との間の責任分担に基づき、それぞれの管理部門の監査データを収集し、それぞれの集中監査を実施しているか	L3-SMC2-03	
	クラウドサービス提供者とクラウドサービス加入者の責任分担に基づき、仮想化ネットワーク、仮想マシン、仮想化セキュリティ機器など、それぞれの制御部分の稼働状況の集中的な監視を実現しているか	L3-SMC2-04	

■セキュリティ・コンストラクション・マネジメント

	要件	等級保護3級 評価モジュール	等級保護2級 評価モジュール
クラウドサービスプロバイダーの選択	セキュリティに適合したクラウドサービス事業者を選択し、その事業者が提供するクラウドコンピューティングプラットフォームが、その事業者がホストするビジネスアプリケーションシステムに対して適切な等級のセキュリティ保護を提供しているか	L3-CMS2-01	L2-CMS2-01
	クラウドサービスのサービス内容および具体的な技術仕様を、サービスレベル合意書で規定しているか	L3-CMS2-02	L2-CMS2-02
	クラウドサービス事業者の権限と責任が、管理範囲、責任分担、アクセス許可、プライバシー保護、行動規範、契約違反の責任などを含め、サービスレベル合意書に明記されているか	L3-CMS2-03	L2-CMS2-03

	要件	等級保護3級 評価モジュール	等級保護2級 評価モジュール
クラウドサービ スプロバイダー の選択	サービスレベル契約で規定されているように、サービス契約終了時にクラウドサービスの顧客データが完全に提供され、そのデータがクラウドコンピューティングプラットフォーム上で消去されることが約束されているか	L3-CMS2-04	L2-CMS2-04
	選定したクラウドサービスプロバイダーとの間で、クラウドサービスの顧客データを開示しないことを求める秘密保持契約を締結しているか	L3-CMS2-05	
サプライ チェーン マネジメント	サプライヤーの選定が、関連する国内規制に従って確実に行われているか	L3-CMS2-07	L2-CMS2-05
	サプライチェーンセキュリティのインシデント情報または脅威情報が、タイムリーにクラウドサービス加入者に伝達されているか	L3-CMS2-08	L2-CMS2-06
	プロバイダーの重要な変更が、タイムリーにクラウドサービス加入者に通知され、変更に伴うセキュリティリスクを評価し、リスクを制御するための措置を講じているか	L3-CMS2-09	

■セキュリティ運用・保守管理

	要件	等級保護3級 評価モジュール	等級保護2級 評価モジュール
クラウドコン ピューティング 環境の管理	クラウドコンピューティングプラットフォームの運用・保守拠点が中国国内にあり、中国国外のクラウドコンピューティングプラットフォームの運用・保守作業が、国内の関連法規に準拠しているか	L3-MMS2-01	L2-MMS2-01

モバイル・インターネット・セキュリティ評価のための拡張要件

■セキュアな物理的環境

	要件	等級保護3級 評価モジュール	等級保護2級 評価モジュール
ワイヤレスアクセスポイントの物理的位置	無線アクセス機器を設置する際に、過度のカバレッジや電磁干渉を避けるため、合理的な場所を選択しているか	L3-PES3-01	L2-PES3-01

■セキュアエリアの境界

	要件	等級保護3級 評価モジュール	等級保護2級 評価モジュール
境界の保護	有線ネットワークと無線ネットワークの境界間のアクセスおよびデータフローが、無線アクセスゲートウェイ装置を介して確保されているか	L3-ABS3-01	L2-ABS3-01
アクセスコントロール	無線アクセス機器は、アクセス認証機能を開放し、国家パスワード管理機関が認証を承認した認証サーバーまたはパスワードモジュールを使用した認証をサポートしているか	L3-ABS3-02	
	無線アクセス機器の、アクセス認証機能が有効になっているか、WEP認証の使用を禁止しているか、パスワードを使用する場合は、その長さが8文字以上であるか		L2-ABS3-02
侵入防止機能	不正な無線アクセス機器や不正な携帯端末のアクセス動作を検出できるか	L3-ABS3-03	L2-ABS3-03
	無線アクセス機器に対するネットワークスキャン、DDoS攻撃、キークラック、中間者攻撃、なりすまし攻撃を検知することができるか	L3-ABS3-04	L2-ABS3-04
	無線アクセス機器のSSIDブロードキャストやWPSなどの高リスク機能のオン状態を検出できるか	L3-ABS3-05	L2-ABS3-05
	SSIDブロードキャストやWEP認証などの無線アクセス機器や無線アクセスゲートウェイの危険な機能を無効にしているか	L3-ABS3-06	L2-ABS3-06
	複数のAPが同じ認証キーを使用することを禁止しているか	L3-ABS3-07	L2-ABS3-07

	要件	等級保護3級 評価モジュール	等級保護2級 評価モジュール
侵入防止機能	許可されていない無線アクセス機器や許可されていない携帯端末をブロックすることができるか	L3-ABS3-08	
セキュアなコンピューティング環境	携帯端末がインストールされ、登録され、端末管理クライアントソフトウェアが動作しているか	L3-CES3-01	
	携帯端末が、携帯端末管理サービス端末から、機器のライフサイクル管理や、遠隔ロック、遠隔消去などの遠隔操作を受け付けているか	L3-CES3-02	
モバイルアプリケーションの制御	インストールして実行するアプリケーションを選択する機能を有しているか	L3-CES3-03	L2-CES3-01
	指定された証明書で署名されたアプリケーションのみインストールおよび実行が許可されているか	L3-CES3-04	L2-CES3-02
	ソフトウェアのホワイトリストの機能を持ち、ホワイトリストに従ったアプリケーションソフトウェアのインストールと動作を制御することができるか	L3-CES3-05	

■セキュリティ・コンストラクション・マネジメント

	要件	等級保護3級 評価モジュール	等級保護2級 評価モジュール
モバイルアプリケーションの調達	モバイル端末にインストールされ実行されるアプリケーションが、信頼できる流通経路からのものである、または信頼できる証明書で署名されたものであることが保証されているか	L3-CMS3-01	L2-CMS3-01
	携帯電話端末にインストールされて実行されるアプリケーションソフトウェアが、指定された開発者によって開発されたものであることが保証されているか	L3-CMS3-02	L2-CMS3-02
モバイルアプリケーション開発	モバイルビジネスアプリケーションの開発者が資格を有しているか	L3-CMS3-03	L2-CMS3-03
	開発したモバイルビジネスアプリケーションの署名証明書の正当性を確保しているか	L3-CMS3-04	L2-CMS3-04

■セキュリティ運用・保守管理

	要件	等級保護3級 評価モジュール	等級保護2級 評価モジュール
コンフィギュレーション管理	違法な無線アクセス機器および違法な携帯端末を識別するために、適法な無線アクセス機器および適法な携帯端末の構成ライブラリを構築しているか	L3-MMS3-01	

IoTセキュリティ評価のための拡張要件

■セキュアな物理的環境

	要件	等級保護3級 評価モジュール	等級保護2級 評価モジュール
センシングノードデバイスの物理的保護	センシングノード装置が設置されている物理的環境が、破砕や強い振動など、センシングノード装置に物理的な損傷を与えないものであるか	L3-PES4-01	L2-PES4-01
	センシングノード装置が動作する物理的環境が、環境の状態を正しく反映しているか(例:温度・湿度センサーを直射日光下に設置していないか)。	L3-PES4-02	L2-PES4-02
	センシングノード装置が動作している物理的環境が、強い干渉やブロック遮蔽などによって、センシングノード装置の正常な動作に影響を与えないものとなっているか	L3-PES4-03	
	重要なセンシングノード機器が、拡張動作のための電源を有しているか(重要なゲートウェイノード機器が、恒久的で安定した電源供給能力を有しているか)	L3-PES4-04	

■セキュアエリアの境界

	要件	等級保護3級 評価モジュール	等級保護2級 評価モジュール
アクセス コントロール	許可されたセンシングノードのみがアクセスで きることを保証しているか	L3-ABS4-01	L2-ABS4-01
侵入防止機能	見慣れないアドレスへの攻撃を避けるため に、センシングノードが通信する対象アドレ スを制限することができるか	L3-ABS4-02	L2-ABS4-02
	見慣れないアドレスへの攻撃を避けるため に、ゲートウェイノードとの通信の宛先アドレ スを制限することができるか	L3-ABS4-03	L2-ABS4-03

■セキュアなコンピューティング環境

	要件	等級保護3級 評価モジュール	等級保護2級 評価モジュール
パーセプチュア ル・ノード・デ バイス・セキュ リティ	許可されたユーザーのみがセンシングノード デバイス上のソフトウェアアプリケーションを 設定または変更できることを保証しているか	L3-CES4-01	
	接続されているゲートウェイノード機器（リー ダーを含む）を識別し、認証する機能を有し ているか	L3-CES4-02	
	自分が接続されている他のセンシングノード 機器（ルーティングノードを含む）を識別し、 認証する機能を有しているか	L3-CES4-03	
	最大同時接続数を設定しているか	L3-CES4-04	
	合法的に接続された機器（端末ノード、ルー ティングノード、データ処理センターを含む） を識別し、認証する機能を有しているか	L3-CES4-05	
	不正なノードやなりすましのノードが送信し たデータをフィルタリングする機能を有してい るか	L3-CES4-06	
	認証されたユーザーが、機器の使用中にオ ンラインで鍵を更新できるか	L3-CES4-07	
	許可されたユーザーが、機器の使用中に主 要な構成パラメーターをオンラインで更新す ることができるか	L3-CES4-08	

	要件	等級保護3級 評価モジュール	等級保護2級 評価モジュール
データリプレイ 対策	データの鮮度を識別し、過去のデータに対するリプレイ攻撃を回避することができるか	L3-CES4-09	
	履歴データの不正な改変を識別し、データ改変リプレイ攻撃を回避することができるか	L3-CES4-10	
データフュー ジョン処理	センサーネットワークからのデータを融合し、異なる種類のデータを同じプラットフォームで使用することができるか	L3-CES4-11	

■セキュリティ O&M 管理

	要件	等級保護3級 評価モジュール	等級保護2級 評価モジュール
センシング ノードの管理	人員が、センシングノード機器およびゲートウェイノード機器の展開環境を定期的に点検し、センシングノード機器およびゲートウェイノード機器の正常な動作に影響を与える可能性のある環境異常を記録し、維持しているか	L3-MMS4-01	L2-MMS4-01
	センシングノード機器およびゲートウェイノード機器の入荷、保管、展開、可搬性、維持、紛失、廃棄のプロセスを明確に定義し、全体的に管理しているか	L3-MMS4-02	L2-MMS4-02
	センシングノード機器およびゲートウェイ機器の配備環境の機密管理を強化し、点検・保守担当者の離職時に、点検用具や点検・保全記録を直ちに返却するよう要求しているか	L3-MMS4-03	

産業用制御システムのセキュリティ評価に関する拡張要件

■セキュアな物理的環境

	要件	等級保護3級 評価モジュール	等級保護2級 評価モジュール
屋外用制御機器の物理的保護	屋外用制御機器を、鉄板またはその他の耐火材料で作られた箱または装置に入れて固定しているか。箱または装置は、通気性、放熱性、盗難防止、防雨、防火機能などを有しているか	L3-PES5-01	L2-PES5-01
	屋外用制御機器を、強い電磁波や強い熱源などの環境から離れた場所に設置し、機器の正常な動作を確保するために、緊急時の処理やメンテナンスを適時に行っているか	L3-PES5-02	L2-PES5-02

■セキュアな通信ネットワーク

	要件	等級保護3級 評価モジュール	等級保護2級 評価モジュール
ネットワークアーキテクチャ	企業の産業制御システムとその他のシステムを2つのエリアに分け、エリア間には一方通行の技術的な隔離手段を使用しているか	L3-CNS5-01	
	企業の産業用制御システムとそのほかのシステムを2つの領域に分け、領域間で技術的な分離手段を使用しているか		L2-CNS5-01
	産業用制御システムを業務特性に応じて異なるセキュリティドメインに分割し、セキュリティドメイン間を技術的に分離しているか	L3-CNS5-02	L2-CNS5-02
	リアルタイム制御やデータ伝送を伴う産業用制御システムが、独立したネットワーク機器でネットワーク化され、他のデータネットワークや外部の公共情報ネットワークから物理レベルで安全に分離されているか	L3-CNS5-03	L2-CNS5-03
通信伝送	産業用制御システム内の制御コマンドまたは関連データの交換に広域ネットワークを使用する場合、認証、アクセス制御、および暗号化されたデータ伝送を実現するために、暗号化認証技術手段を使用しているか	L3-CNS5-04	L2-CNS5-04

■セキュリティゾーンの境界

	要件	等級保護3級 評価モジュール	等級保護2級 評価モジュール
アクセス コントロール	産業用制御システムと企業の他のシステムとの間にアクセス制御装置を配置し、アクセス制御ポリシーを設定して、エリアの境界を越える電子メール、ウェブ、Telnet、Rlogin、FTPなどの一般的なネットワークサービスを禁止しているか	L3-ABS5-01	L2-ABS5-01
	産業用制御システム内のセキュリティドメイン内およびセキュリティドメイン間の境界保護機構に障害が発生した場合、適時警報を発することができるか	L3-ABS5-02	L2-ABS5-02
ダイヤルアップ 接続の制御	産業用制御システムでどうしてもダイヤルアップ接続サービスを使用する必要がある場合、ダイヤルアップ接続権限を持つユーザー数を制限し、ユーザーの識別やアクセス制御などの対策を講じているか	L3-ABS5-03	L2-ABS5-03
	ダイヤルアップサーバーとクライアントの双方が、セキュリティ強化されたOSを使用し、電子証明書による認証、伝送の暗号化、アクセス制御などの対策を講じているか	L3-ABS5-04	
無線使用 コントロール	無線通信にかかわるすべてのユーザー（人、ソフトウェアプロセス、機器）に対して、一意の識別および認証を提供しているか	L3-ABS5-05	L2-ABS5-04
	無線通信にかかわるすべてのユーザー（人、ソフトウェアプロセス、機器）に権限を与え、その使用を制限しているか	L3-ABS5-06	L2-ABS5-05
	送信メッセージの機密性の保護を達成するために、無線通信に送信暗号化のセキュリティ対策を採用しているか	L3-ABS5-07	
	無線通信技術を制御に使用する産業用制御システムが、その物理的環境で放出される未承認の無線機器を識別し、制御システムへのアクセスや妨害を試みる未承認の試みを報告することができるか	L3-ABS5-08	

■セキュアなコンピューティング環境

	要件	等級保護3級 評価モジュール	等級保護2級 評価モジュール
制御装置の セキュリティ	制御装置自体が、対応するセキュリティ等級の一般要求事項で提案されている身元識別、アクセス制御、セキュリティ監査などのセキュリティ要求事項を達成しているか。制御装置が事情により上記の要求事項を達成できない場合は、その上位の制御装置、管理装置または管理手段により同じ機能を達成するように制御されているか	L3-CES5-01	L2-CES5-01
	十分な試験・評価を行った上で、システムの安全で安定した動作に影響を与えることなく、制御機器のパッチやファームウェアの更新を行っているか	L3-CES5-02	L2-CES5-02
	制御装置のフロッピーディスクドライブ、CD-ROMドライブ、USBインターフェイス、シリアルポート、冗長ネットワークポートを閉鎖または除去し、保持する必要のあるものは関連する技術的手段により厳重に監視・管理しているか	L3-CES5-03	
	制御機器の更新に、専用機器と専用ソフトウェアを使用しているか	L3-CES5-04	
	制御装置のファームウェアに悪意のあるコードプログラムが含まれないように、本番稼働前に制御装置のセキュリティテストを行っているか	L3-CES5-05	

■セキュリティ・コンストラクション・マネジメント

	要件	等級保護3級 評価モジュール	等級保護2級 評価モジュール
製品の調達と 使用	産業用制御システムの重要な機器が、専門機関のセキュリティテストに合格してから調達、使用されているか	L3-CMS5-01	L2-CMS5-01
アウトソーシングによるソフトウェア開発	機器やシステムのライフサイクルにおける機密保持、キーテクノロジーの拡散禁止、機器の業界固有の使用に関する条項などの開発ユニットやサプライヤーに対する拘束力のある条項を開発委託契約書に規定しているか	L3-CMS5-02	L2-CMS5-02

等級保護制度（MLPS）対応 PJ-WBS

　等級保護制度（MLPS）へ対応するための実務について、その全体のイメージとタスクを切り出した管理シートを参考資料として掲載します。

■等級保護制度（MLPS）対応〈WBS〉

大項目	小項目	詳細・目的/ Note	期間（稼働日）
等級の設定	事前質問	法人情報とシステムに関する情報についてのヒアリング	1
	等級の選択と申請書類準備	申請書類の準備：コンサルティングチームによる申請書類たたき台の作成	7
	等級の選択と申請書類準備	申請書類の準備：申請者記載事項の記入	5
等級の申請	申請書類を公安当局に提出	申請書類の押印・提出	3
	等級の確定	資料審査後、公安当局が等級を確定	15
	システム備案番号の受領	公安当局からシステム備案番号を受領	5
システム改善	ギャップ分析	等級が指定する要件と現行システムとのギャップの明確化	5
	ギャップ対応施策の提案	コンサルティングチームによるギャップを埋めるための対策（システム/体制）の助言	5
	ギャップ対応施策の選択	コスト、スケジュールをもとに必要な対応を選択	5
	ギャップ対応施策の実施	選択した対応の実装	10
等級の評価	評価機関への評価依頼	日程調整、依頼用の必要書類の作成	3
	評価機関による評価	等級の評価 システムの対応状況の評価（コンプライアンスレポート、セキュリティ評価結果はコンサルティングチームから提供される）	5
	評価機関との調整（修正方法）	提出資料に対する修正要求があったときは、それに応じて修正作業を実施	5
	評価機関による評価レポート提出	評価機関がレポートを作成し、申請企業に提出	5
監督検査	公安当局との調整（検査要求がある場合）	申請企業は公安当局に評価レポートを提出 完了検査要求があった場合は対応	5
	等級保護認証完了証明受領	公安当局が認証証明書を発行	20

参考リンク集

法律

■ **中华人民共和国网络安全法**
（中華人民共和国ネットワーク安全法／サイバーセキュリティ）
http://www.cac.gov.cn/2016-11/07/c_1119867116.htm

■ **中华人民共和国密码法**
（中華人民共和国暗号法）
http://www.npc.gov.cn/npc/c30834/201910/6f7be7dd5ae5459a8de8baf36296
bc74.shtml

■ **中华人民共和国数据安全法**
（中華人民共和国データ安全法／データセキュリティ法）
http://www.npc.gov.cn/npc/c30834/202106/7c9af12f51334a73b56d7938f99a78
8a.shtml

■ **中华人民共和国个人信息保护法**
（中華人民共和国個人情報保護法）
http://www.npc.gov.cn/npc/c30834/202108/a8c4e3672c74491a80b53a172bb753
fe.shtml

■ **网络数据安全管理条例（征求意见稿）**
（ネットワークデータ安全管理条例（意見募集稿））
http://www.cac.gov.cn/2021-11/14/c_1638501991577898.htm

■ **数据出境安全评估办法（征求意见稿）**
（データ越境安全評価についてのガイドライン（（意見募集稿）））
http://www.cac.gov.cn/2021-10/29/c_1637102874600858.htm

■ 关键信息基础设施安全保护条例
（重要情報インフラ安全保護条例）

http://www.gov.cn/zhengce/content/2021-08/17/content_5631671.htm

■ 商用密码管理条例（修订草案征求意见稿）
（商用暗号管理条例（改訂草案意見募集稿））

https://www.oscca.gov.cn/sca/hdjl/2020-08/20/1060779/files/5b13c53cce014e
5db447c0e63d6d07af.pdf

■ 商用密码进口许可清单、出口管制清单（2020年第63号）
（商法輸入許可リスト、輸出管理リスト（2020年第63号））

http://www.mofcom.gov.cn/article/zwgk/zcfb/202012/20201203019733.shtml

■ 中华人民共和国民法典
（中華人民共和国民法典）

http://www.npc.gov.cn/npc/c30834/202006/75ba6483b8344591abd07917e1d25
cc8.shtml

■ 中华人民共和国电子商务法
（中華人民共和国電子商務法）

http://www.mofcom.gov.cn/article/zt_dzswf/deptRepo
rt/201811/20181102808398.shtml

■ 常见类型移动互联网应用程序必要个人信息范围规定
（一般的なモバイル・インターネット・アプリケーションで必要な個人情報
の範囲の規定）

http://www.cac.gov.cn/2021-03/22/c_1617990997054277.htm

■ 互联网信息服务算法推荐管理规定
（インターネット情報サービスのアルゴリズム推薦の管理に関する規則）

http://www.cac.gov.cn/2022-01/04/c_1642894606364259.htm

中国の関連当局、機関

- ## 国家密码管理局
  （国家暗号局）

  https://www.oscca.gov.cn/sca/index.shtml

- ## 中华人民共和国商务部
  （中華人民共和国商務部）

  http://www.mofcom.gov.cn/

- ## 中华人民共和国国家互联网信息办公室
  （中華人民共和国国家インターネット情報局）

  http://www.cac.gov.cn/

- ## 公安部
  （公安部）

  http://www.gov.cn/fuwu/bm/gab/index.htm

- ## 工业和信息化部
  （工業情報技術部）

  http://www.gov.cn/fuwu/bm/gyhxxhb/index.htm

- ## 国家标准化管理委员会
  （国家標準化管理委員会）

  http://www.sac.gov.cn/

お役立ちサイト

- ### 网络安全等级保护备案（北京市）
  （ネットワーク安全等級保護備案）

  https://banshi.beijing.gov.cn/pubtask/task/1/110000000000/c22ab389-19b8-4e5f-b0ba-49d4776cac94.html

- ### アリババクラウド 等級保護コンプライアンス
  ### （MLPS 2.0 コンプライアンス）

  https://www.alibabacloud.com/ja/china-gateway/mlps2?spm=a2c65.11461447.0.0.2a2666528UI5Bh

- ### テクニカ・ゼン株式会社 会員制プライバシー・リスク情報サイト
  https://m.technica-zen.com/

INDEX

A

AI 155

C

CCTV 191
CIPMトレーニング 195
Cookieバナー 188
CSLとDSLの違い 119
CSLにおける個人情報保護規定 145
CSLの適用 56
CSLのペナルティ 95
CSLの目的 54

D

DPA 187, 188
DPO 199
DSLで事業者に求められる対応 121

E

EAR 102

G

GB/T 22240-2020 信息安全技术 网络
　安全等级保护定级指南 23, 45
GB/T 35273-2020 信息安全技术 个人
　信息安全规范 23, 26
GB/T28448-2019 信息安全技术 网络
　安全等级保护测评要求 23, 45
GDPR 134

I

IAPP 195
IoT機器 35, 221

R

Reduction of Impact（影響の緩和）.. 17

S

SaaSサービス 33, 62
Schrems II裁判 39

ア

アカウンタビリティを備える 143
アプリの停止 14
アリババクラウド上での等級保護 228
アルゴリズム 155
暗号アルゴリズムを開示させる規制 .. 107
暗号化 196
暗号製品の輸出規制 102
暗号の定義 101

イ

域外適用 38, 134, 157
委託先との契約 135
委託先の監督 135
委託処理 135
著しい侵害 225
一般的な侵害 225
インシデント対応計画 25
インシデント対応計画の整備 60
インセンティブの互換性の原則 154
インテリジェンス 41

エ

越境EC 38, 57, 64
越境移転規制 126
越境移転の通知と単独同意 82
越境移転の適法化 81
越境移転の報告義務 85

越境セキュリティ評価............................ 83

━━━━━━━━━ オ ━━━━━━━━━

オンプレミスのサーバー........................ 34

━━━━━━━━━ カ ━━━━━━━━━

外部委託..186
顔認証技術..191
核心暗号.. 100, 106
核心データ..................................... 120, 125
画像処理技術への規制.........................136
監督機関... 163, 208
管理者..163

━━━━━━━━━ キ ━━━━━━━━━

共同管理者..................................... 135, 168

━━━━━━━━━ ク ━━━━━━━━━

クラウドを利用したシステム 221

━━━━━━━━━ ケ ━━━━━━━━━

刑法...144

━━━━━━━━━ コ ━━━━━━━━━

工場で取得したデータ.......................... 35
更新審査..232
公的なセキュリティ評価........................ 24
国外にルーティング............................... 50
国際協定... 83
国務院暗号管理局................................103
個人情報... 136, 160
個人情報安全影響評価.........................187
個人情報および重要データの国内保存
....50
個人情報処理..................................25, 161
個人情報の越境移転 136, 202

個人情報の定義...................................... 26
個人情報の定義（CSL）......................... 45
個人情報保護................................... 20, 25
個人情報保護影響評価.........................191
個人情報保護に関する認証.................203
個人情報保護の原則 26
個人情報保護法対応のポイント 142
個人情報マネジメントシステム........137,
　143, 194
個人・組織の合法的な権益に影響を与える
....224
個人の権利..201
個人の権利の保護.................................. 26
国家安全法... 21
国家安全保障に影響を与える............224
国家安全保障の全体構想...................... 21
国家ネットワーク情報部門................... 36
子どもの個人情報処理.........................140

━━━━━━━━━ サ ━━━━━━━━━

サードパーティのセキュリティリスク管理
....25
サプライチェーンのセキュリティ 24

━━━━━━━━━ シ ━━━━━━━━━

システム備案番号............................ 76, 77
事前の自己評価...................................... 86
実名登録制度... 48
社会秩序と公共の利益に影響を与える
....224
社会のデジタル化................................. 18
従業員情報... 36
重点的に保護する対象 42
重要情報インフラ運営者 22, 65
重要情報インフラ運営者の責任 68

重要情報インフラストラクチャ 21
重要データ 21, 40, 66, 67, 120, 124
主要な生産要素 20
消費者デー 15
消費者保護法 144
情報（インテリジェンス）........................ 41
情報システム 220
情報セキュリティ体制整備 59
情報通知 135
商用暗号 23, 100, 106
処理者 163
処理者契約 187, 188
処理の原則 134, 170
審査を通じた認証取得 50
申請主体 215
申請書類 214

セ

製造管理システム 221
セキュリティガバナンス 25
セキュリティ対策 25, 45
セキュリティ評価 35, 87
セキュリティ評価対象者 85
センシティブな個人情報 ... 26, 136, 165

タ

代理人 137, 158
立入検査 16
単独同意 135, 181

チ

中国が認定した機器 61
中国国内 55
中国国内のシステム 39
中国国家安全委員会 21
中国データ関連4法 25
中国民法典における個人情報保護規定
....149

中国ユーザーを対象としたアプリ 38

ツ

通信ネットワーク機器 220
通信の制限または遮断などの手段 38
通知と同意 146, 175

テ

データ移転契約 88
データ越境移転 25
データ関連法 18, 25
データ資源 220
データ資産 20
データ侵害時の対応 26
データ侵害通知 197
データセキュリティ 20, 22, 24, 27
データ通信の遮断 159
データの中国国内保存 92, 140
データ分類 25
データ保護責任者（DPO）...................199
データマッピング 142, 152
データローカライゼーション ... 137, 205
データを越境移転する者の義務 83
テーブル・トップ・エクササイズ 145
適法根拠 135, 176
デジタル経済の規模 18
電子商取引法 144

ト

同意 135, 176, 178
等級の判断 50
等級保護 72
等級保護制度 13, 26, 34
等級保護認証 12
等級保護認証の取得方法 214
特に著しい侵害 225

ニ

認証証明書の発行 79

ネ

ネットワーク 44
ネットワーク運営者 57
ネットワーク運営者の責任 58
ネットワーク機器の選定 36
ネットワーク情報部門によるセキュリ
　ティ評価 87
ネットワーク製品やネットワークサービス
　.. 48, 56
ネットワーク通信の遮断 89
ネットワークデータ 45
ネットワークの持つリスク 48

ヒ

非識別化 196
ビッグデータ 20, 29, 155
ビッグデータの裏切り 136
評価機関 76
評価レポート 76
標準契約 37, 203

フ

普通暗号 100, 106
プライバシー影響評価 (PIA) 192
プライバシーガバナンス 193
プライバシーに関するリスクアセスメント
　... 26
プライバシーノーティス 136, 184
プライバシーノーティスを提供する必要
　がないケース 185
プライバシー・バイ・デザイン 180
プライバシー保護 20
プライバシーポリシー 174
プラットフォーマーへの規制 15
フレームワーク法 153
プロファイリングに対する規制 136
プロファイル 20

ホ

ポータビリティ権 201

ミ

ミニプログラム 63
民法典 15, 145

モ

モバイルアプリ 38
モバイルインターネット 222

ラ

ライセンスの停止 42

リ

リスクアセスメント 25
リスクベース 72

中国語

互联网信息服务算法推荐管理规定 155
商用密码出口管制清单 109
商用密码进口许可清单 109
常见类型移动互联网应用程序必要个人信
　息范围规定 15, 38
数据安全管理办法（征求意见稿）.........50
数据出境安全评估办法（征求意见稿）
　...26, 51, 71, 85
网络数据安全管理条例（征求意见稿）
　...26, 51, 81

著者・寺川貴也（てらかわ たかや）

プライバシー対応を専門とするテクニカ・ゼン株式会社 代表取締役社長。国内外で積極的に活動しており、大手企業を中心にコンサルティングを提供する他、子どものオンラインセーフティーを促進する活動（CyberSafety.org）の日本代表も務める。また、2021年には日本で初めてIAPPの公式トレーニングパートナーに選出された。プライバシーの専門家の間で信頼が厚く、各国でセミナー、イベント、ネットラジオ、ポッドキャスト、ウェビナーへの出演も数多くこなす。

テクニカ・ゼン株式会社
https://technica-zen.com/

カバーデザイン　萩原 弦一郎（256）
DTP　　　　　　久保田 千絵
編集　　　　　　大内 孝子

アイティー
IT ビジネスの現場で役立つ

中国サイバーセキュリティ法 & 個人情報保護法 実践対策ガイド
[2022-2023 年版]

2022年4月15日　初版第1刷発行

著　者　　　寺川 貴也（てらかわ たかや）
発行人　　　佐々木 幹夫
発行所　　　株式会社 翔泳社（https://www.shoeisha.co.jp）
印刷・製本　中央精版印刷 株式会社

© 2022 Takaya Terakawa

ISBN 978-4-7981-7373-3　Printed in Japan